Daniel Jost

Einfluss von suspendierten und immobilisierten Mikroorganismen auf die Eigenschaften des Kapillarsaumes

Karlsruher Berichte zur Ingenieurbiologie
Band 48

Institut für Ingenieurbiologie und Biotechnologie des Abwassers
Karlsruher Institut für Technologie

Herausgeber: Prof. Dr. rer. nat. J. Winter

Einfluss von suspendierten und immobilisierten Mikroorganismen auf die Eigenschaften des Kapillarsaumes

von
Daniel Jost

KIT Scientific Publishing

Dissertation, genehmigt von der
Fakultät für Bauingenieur-, Geo- und Umweltwissenschaften
des Karlsruher Instituts für Technologie, 2012
Referenten: Prof. Dr. rer.nat. J. Winter, Prof. Dr.-Ing. H. H. Hahn

Impressum

Karlsruher Institut für Technologie (KIT)
KIT Scientific Publishing
Straße am Forum 2
D-76131 Karlsruhe
www.ksp.kit.edu

KIT – Universität des Landes Baden-Württemberg und nationales
Forschungszentrum in der Helmholtz-Gemeinschaft

KIT Scientific Publishing 2012
Print on Demand

ISSN: 1614-5267
ISBN: 978-3-86644-847-6

Einfluss von suspendierten und immobilisierten Mikroorganismen auf die Eigenschaften des Kapillarsaumes

Untersuchungen im Rahmen der DFG-Forschergruppe „Dynamic Capillary Fringes – A Multidisciplinary Approach“

Zur Erlangung des akademischen Grades eines

DOKTORS DER NATURWISSENSCHAFTEN

von der Fakultät für

Bauingenieur-, Geo- und Umweltwissenschaften

des Karlsruher Instituts für Technologie (KIT)

genehmigte

DISSERTATION

von

Dipl.-Biol. Daniel Jost

geboren in Aschaffenburg

Tag der mündlichen Prüfung: 15.02.2012

Referent: Prof. Dr. rer.nat. J. Winter

Korreferent: Prof. Dr.-Ing. H. H. Hahn

Karlsruhe 2012

Zusammenfassung

Der Kapillarsaum (CF) bildet den Übergangsbereich zwischen der Grundwasserzone (Aquifer) und der ungesättigten Zone im Boden. Im unteren Bereich existieren annähernd gesättigte Bedingungen und mit zunehmender CF-Höhe nimmt der Wassergehalt ab, wobei gleichzeitig der Luftanteil im Porenraum bzw. die Sauerstoff-Konzentration (SK) pro CF-Volumen größer wird. Dadurch ergibt sich eine Übergangszone (ÜZ) im CF, mit nach oben abnehmender Wassersättigung von 95 % bis ca. 60 %, die die besten Wachstumseigenschaften für aerobe Bakterien aufweist, da dort ausreichend Wasser mit gelösten Nährstoffen und Sauerstoff vorhanden ist. Im Rahmen dieser Arbeit wurden im Labor künstliche Kapillarsäume mit Wasser bzw. Medien für Bakterienwachstum in Hele-Shaw Zellen (HSZ) aus Glas, mit gepackten Quarzsand-Schüttungen (Korn-Fraktion: 355-710 μm, Porosität: 0,38), generiert und darin die Verteilung und das Wachstum von verschiedenen Bakterien-Spezies untersucht. Dafür wurden zum einen aerobe, bewegliche Bodenbakterien (*Pseudomonas putida*), fakultativ anaerobe, bewegliche Bakterien (*Escherichia coli*) und unbewegliche Bakterien (*Corynebacterium glutamicum*) verwendet. Ein genetisch veränderter *E. coli*-Stamm wurde, aufgrund seiner Fähigkeit das grün-fluoreszierende Protein (GFP) zu synthetisieren, zur besseren Visualisierung und Lokalisierung der Bakterienzellen im CF genutzt. Die CF-Bildung erfolgte nach Eintauchen der HSZ in die jeweils mit dem gewünschten Bakterienstamm beimpfte Nährlösung innerhalb von 6 h und der CF erreichte eine Höhe von ca. 10 cm. Es wurde die Zelldichte, die Enzymaktivität (Fluorescein-Diacetat (FDA)-Umsetzung durch Esterasen) oder die Biofilmbildung (mit Hilfe eines Elektronenmikroskops) bestimmt. Außerdem wurden die Atmungsraten in verschieden mit Nährlösung gesättigten Sandvolumina und der

Zellertrag durch Batch-Experimente ermittelt. Um natürliche Gegebenheiten zu simulieren, wurden zusätzlich Experimente in einer Durchfluss-Zelle (DFZ) mit Quarzsand (Korn-Ø: 200-600 μm) und einer Fließgeschwindigkeit von ca. 1,5 m/d durchgeführt. Dabei wurde die SK über die komplette CF-Höhe gemessen und die Veränderungen des Bakterienwachstums und der vertikalen O_2-Profile nach Wasserspiegelschwankungen untersucht.

Durch die Bestimmung der Zellzahlen direkt nach der Ausbildung des CF konnte festgestellt werden, dass die beweglichen Bakterien bis in die obersten Zentimeter des CF gelangen konnten. Die unbeweglichen *C. glutamicum* Zellen wurden zumindest bis in die ÜZ transportiert, aber erreichten den oberen CF-Bereich nicht. Faktoren, wie eine höhere Zell-Hydrophobizität, also eine höhere Affinität an Luft/Wasser-Grenzschichten zu adsorbieren, die Zell-Größe oder die Eigenschaft Zell-Agglomerate zu bilden, verringerten im Fall von *C. glutamicum* ebenfalls den Transport in den ungesättigten CF-Bereich. Nach einem Zeitraum von 3 bzw. 6 Tagen wurde für alle Bakterien-Stämme die höchste Zelldichte in der ÜZ (zwischen 4 und 6 cm-Höhe) mit bis zu 10^9 Zellen/cm³ CF-Volumen bestimmt, wobei die Werte für *C. glutamicum* sowohl im gesättigten als auch im ungesättigten CF-Bereich immer niedriger waren als für *P. putida*. Zudem konnte in der ÜZ eine starke Biofilmbildung von *P. putida* oder *E. coli* nach 6 Tagen mit hoher Nährstoffversorgung beobachtet werden. Dies wurde u. a. mit der Esterase-Aktivität (FDA-Umsetzung zu Fluorescein) nachgewiesen. Die Fluorescein-Konzentration korrelierte signifikant (Pearson $r = 0,71$) mit der Zellzahl der aeroben Bakterien für den kompletten CF, wobei die Daten, welche nur für den aeroben CF-Bereich ermittelt wurden, besser miteinander korrelierten ($r = 0,91$). Die Bakterien im CF beeinflussten nicht nur das Wasser-

Sättigungsprofil, indem wahrscheinlich extrazelluläre polymere Substanzen (EPS) die Oberflächenspannung des Porenwassers und damit die CF-Höhe verringerten, sondern reduzierten auch die Sauerstoff-Diffusion vom ungesättigten in den gesättigten CF-Bereich durch deren Atmungsaktivität. Dies konnte durch die Messung von O_2-Profilen, welche einen deutlichen Gradienten in der ÜZ (bei höchster Zelldichte im CF) aufzeigten, bestätigt werden. Bei abiotischen Experimenten lag dieser (noch steilere) Gradient bei einer geringeren CF-Höhe, da in diesem Fall die O_2-Diffusion nur durch den Wassergehalt in der gesättigten CF-Zone (> 95 %) limitiert wurde. Die höchsten Atmungsraten von *P. putida* mit bis zu 90 μl O_2 (h · mg DOC)$^{-1}$ wurden für Wassersättigungen zwischen 70 % und 80 % ermittelt, wobei die Rate für das Wachstum auf raueren, poröseren Materialien (Sand) aufgrund der besseren Sauerstoffverfügbarkeit immer höher lag als für Wachstum auf glattem, eng aneinander liegendem Material (Glasperlen). Die hohe Atmungsaktivität von aeroben Bakterien in der ÜZ des CF führte in diesem Bereich zu einer deutlichen Minimierung der SK. Solange noch Nährstoffe vorhanden waren, konnte auch noch im obersten CF-Bereich bakterielle Atmungsaktivität stattfinden, welche aber durch den hohen Luftanteil der Poren und die hohe O_2-Diffusionsrate in Luft keinen Einfluss hatte. Bei Wachstumsraten von 0,55 - 0,60 h^{-1} konnte unter optimalen Bedingungen im Schüttelkolben für *E. coli* ein Zellertrag von ca. 0,35 g Trockenbiomasse/g Sauerstoff nach 10 h Wachstum ermittelt werden, was bei hoher Nährstoffversorgung in einem CF zu „Clogging" in der ÜZ führen könnte. Dies konnte auch bei einem Experiment in der DFZ mit LB-Medium und darin suspendierten GFP-markierten *E. coli*-Zellen gezeigt werden. Wasserspiegelschwankungen bewirkten dabei eine Erhöhung der Zelldichte in der ÜZ und eine Verstärkung des Clogging-Effektes. In der gesättigten Zone wurde der

Großteil der Bakterien durch die Wasserströmung ausgetragen und im Vergleich zur ÜZ konnten nur wenige adsorbierte Zellen (ca. 10-20 %) auf den Sandkornoberflächen des gesättigten Bereichs entdeckt werden. Die Anheftung geschah hauptsächlich an rauen und zerklüfteten Oberflächen, wobei um den Bereich der ÜZ durchaus auch glattere Oberflächen besiedelt und Biofilme gebildet wurden.

Die Ergebnisse dieser Arbeit geben einen Überblick über das Wachstum von aeroben oder fakultativ anaeroben Bakterien im CF und deren Einfluss auf dessen physikalische Eigenschaften. Die Gegebenheit, dass in der ÜZ bei einer Wassersättigung zwischen 60 % und 80 % die höchste bakterielle Aktivität und stärkstes Wachstum gefunden wurde, könnte womöglich im Bereich der Sand-Biofilter-Technik oder bei der biologischen (in situ) Bodensanierung genutzt werden. Dabei könnte die Abbau-Effizienz der Bakterien, zum Beispiel durch den Einsatz von Injektionsbrunnen und tiefer endenden Entnahmebrunnen, welche für die passende Wassersättigung im belasteten Boden-Horizont sorgen sollen, erhöht werden.

Abstract

The capillary fringe (CF) forms the transition region between groundwater (aquifer) and the unsaturated zone (vadose zone) in the underground. It presents almost saturated conditions in the lowest region and the water content decreases with increasing CF-height, whereas concurrently the percentage of air-filled pores and through these the oxygen concentration per CF-volume is increasing. This causes a transition zone (TZ) in the CF with decreasing water saturations from 95 % to 60 %, which offers the best growth conditions for aerobic soil bacteria, because of a sufficient bioavailable water (with dissolved nutrients) and oxygen supply.

During this work, artificial CFs were generated in Hele-Shaw cells (HSC), made of glass and filled with quartz sand (grain Ø: 355-710 μm, porosity: 0.38), to investigate the distribution and growth of different bacteria species within the CF. For this purpose aerobic, motile soil bacteria (*Pseudomonas putida*), a facultative anaerobic, motile bacteria strain (*Escherichia coli*) and non-motile bacteria (*Corynebacterium glutamicum*) were used. The genetically modified *E. coli*-strain was used for a better visualization and localization of bacteria cells in the CF-experiments, due to its ability to synthesize the green-fluorescent protein (GFP). CFs were established by dipping the HSCs into a nutrient solution with the respective suspended bacteria during about 6 h and reached a maximum height of approximately 10 cm. Parameters like the cell density [cells/cm^3 CF-volume], the enzyme activity (fluorescein-diacetate (FDA)-cleavage by esterases) or the biofilm formation (with the help of an electron microscope) were determined. In addition, the respiration rates in differently saturated sand volumes with nutrient broth and the growth yield were determined in batch experiments. To simulate natural conditions some experiments in a flow-through cell (FTC), filled with quartz sand (grain Ø: 200-600 μm) and operated with a flow velocity of 1.5 m/d, were conducted. Oxygen concentrations were measured over the total CF-height during the experiment and the changes in bacterial growth or in the vertical oxygen profiles were examined during and after water table fluctuations.

Due to cell count analyses directly after the establishment of the CF, it was found that the motile bacteria can reach the upper end of the CF, although their quantity per ml pore water was reduced to approx. 5 % of the initial inoculation density. The non-motile *C. glutamicum* cells were at least transported into the TZ, but did not reach the upper end of the CF. In that case, factors like a higher cell-surface-hydrophobicity and caused by this a higher affinity to adsorb on air/water-interfaces, a bigger cell size and the ability to form cell-agglomerates reduced the transport of *C. glutamicum* with the rising water into the unsaturated CF-region. After a growth period of 3 or 6 days, the highest cell densities with up to 10^9 cells/cm^3 CF-volume were detected in the TZ (between 4 and 6 cm of CF-height) for all bacteria strains. Cell densities of *C. glutamicum* were lowest in the saturated as well as in the unsaturated CF-region. In addition a strong biofilm formation by *P. putida* or *E. coli* cells was observed in the TZ after a growth period of 6 days if there was a sufficient nutrient supply (LB-medium). The esterase activity (FDA conversion to fluorescein) correlated significantly with the cell count of aerobic bacteria for the complete CF (Pearson $r = 0.71$). The correlation coefficient could be improved ($r = 0.91$) by evaluating only the values for the TZ and above, which is more logical concerning that enzyme activity of aerobic microorganisms requires active metabolism in the presence of oxygen. Bacteria in the CF influenced the water saturation-curve, presumably by producing extracellular polymeric substances (EPS), which reduced the surface tension of the pore water and the height of the CF. Furthermore oxygen diffusion from the unsaturated into the saturated CF-region was limited due to bacterial growth and oxygen consumption in the transition zone. This could be confirmed by measurements of the vertical oxygen profiles, which showed a relatively steep gradient in the transition zone, where highest cell densities were detected. In abiotic experiments this (even steeper) O_2-gradient was located lower in the CF, because in the absence of bacteria no oxygen is consumed and oxygen diffusion is only limited by the water content in the saturated zone (> 95 % saturation). The highest respiration rates for *P. putida* with up to 90 μl O_2 (h · mg DOC)$^{-1}$ were determined at saturation of 70 % to 80 %. However, the rates were always higher for growth on a rough and porous material (like sand) than for growth on a closely adjacent material with smooth surfaces (like glass beads), because of the better oxygen supply. The high respiratory activity of aerobic bacteria caused a lower oxygen concentration within the transition zone of the CF. Even at the top of the CF the bacteria had enough bioavailable water for active respiration in case of nutrient supply, but respiration had no influence on the O_2-profile because of the high diffusion coefficient for oxygen in air. Under optimal growth conditions (in shake cultures at growth rates of 0.55 – 0.60 h^{-1}) *E. coli* showed a cell yield of approx. 0.35 g dry biomass/g oxygen after 10 h of growth in LB-medium. This indicates that a clogging-effect in the transition zone of a CF due to bacterial growth might occur, which was shown in the experiment with the FTC and GFP-labeled *E. coli* suspended in LB-medium. Water table fluctuations led to an increase of the cell density in the transition zone and enforced the clogging-effect. In the saturated zone and in the aquifer the majority of the cells were washed out due to the water flow and only a low percentage (≈ 10-20 %) of cells was tightly attached on the sand grains. In the saturated zone cells primarily were attached on rough surfaces, whereas in the region around the transition zone also cell attachment and biofilm formation could be observed on flat surfaces of the sand grains.

The results of this work should give an overview on growth of aerobic or facultative anaerobic bacteria within a CF and on the influence of bacteria on the physical characteristics of the CF. The incident that the best growth conditions for aerobic bacteria were found in the TZ of the CF, at water saturations between 60 % and 80 %, probably could find an application in the subject area of biological sand-filter techniques or for biological in-situ bioremediation methods. For example, an injection/extraction well-to-well technique could be used for unsaturated, contaminated soil to provide the same water saturations which are present in the TZ of a CF, to increase the degradation efficiency of aerobic soil bacteria.

Inhaltsverzeichnis

Abbildungsverzeichnis

Tabellenverzeichnis

Abkürzungsverzeichnis

CF	- Capillary fringe (Kapillarsaum)
DFG	- Deutsche Forschungs-Gemeinschaft
DFZ	- Durchfluss-Zelle
DIN	- Deutsches Institut für Normung
DOC	- Dissolved organic carbon (gelöster org. Kohlenstoff)
EPS	- Extrazelluläre polymere Substanzen
FDA	- Fluorescein-Diacetat
FI	- Fluoreszenz-Intensität
GFP	- Grün-fluoreszierendes Protein
GVO	- Genetisch veränderter Organismus
GW	- Grundwasser
HSZ	- Hele-Shaw Zelle
KBE	- Kolonie-bildende Einheit/en
OD	- Optische Dichte
OH	- Oberflächen-Hydrophobizität
o-TS	- organische Trockensubstanz
PGS	- Plexiglas-Scheibe
REM	- Reflection Electron Microscope
RF	- relative Fluoreszenz
SE	- Standard-Error (Standard-Fehler)
SSE	- Soil Solution Equivalent (Bodenlösungs-Äquivalent)
TG	- Trockengewicht
VE Wasser	- Voll entsalztes Wasser
WS	- Wasserspiegel

1 Einleitung

Neben den großen Wasservorkommen unseres Planeten, wie Ozeane, Seen oder Flüsse, gehört auch das Wasser in der Luft und im Boden zu dem wohl wichtigsten Kreislauf, welcher das Leben aller Mikroorganismen und höherer Lebewesen auf der Erde erst ermöglicht; dem Wasserkreislauf. Dabei befindet sich das Wasser immer in einem Mehr-Phasen-System (Atmosphäre, Gewässer und Boden), was die komplexe Dynamik des Kreislaufes ausmacht. Im Boden treten dabei verschiedene Grenzschichten (zwischen Wasser und Luft, bzw. zwischen Wasser und den Bodenpartikeln) auf. Diese treten besonders häufig in Wechselwirkung wenn das Wasser z. B. durch einen Wasserspiegel-Anstieg in die ungesättigte Bodenzone aufsteigt oder anders herum durch Regenwasser-Infiltration von der Bodenoberfläche ins Grundwasser gelangt. Wasser bleibt dabei in den feinen Porenräumen des Bodens entweder als Haftwasser (Adsorptions- bzw. Kapillarwasser) hängen und bietet aufgrund der höheren Sauerstoffverfügbarkeit in der ungesättigten Bodenzone ein optimales Wachstums-Milieu für aerobe Bakterien. Der Kapillarsaum ist ein Bereich dieser Zone, welcher den Übergang zwischen wassergesättigtem Boden (Aquifer) und ungesättigtem Boden darstellt (Abb. 1).

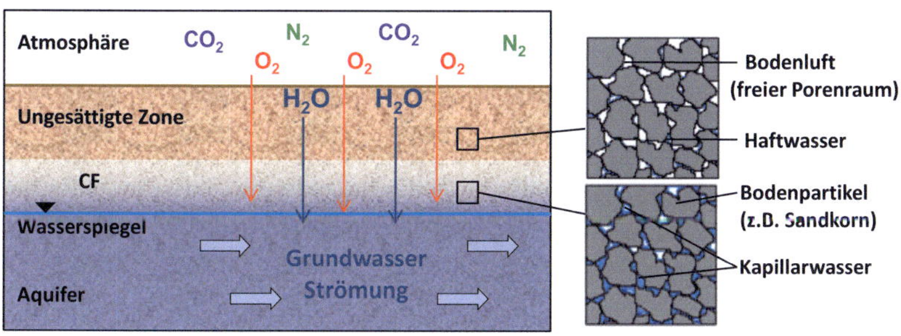

Abb. 1: Schematische 2D-Darstellung eines Grundwasserleiters mit Kapillarsaum (CF). Eintrag verschiedener Stoffe in den Boden und Veranschaulichung der verschieden gesättigten Porenräume

Das mikrobielle Wachstum und der Einfluss der Mikroorganismen auf die dynamische Bodenzone „Kapillarsaum, englisch: capillary fringe (CF)“ soll durch diese Forschungsarbeit genauer untersucht und eine Grundlage für diesen noch wenig erforschten Bereich der Bodenmikrobiologie geschaffen werden. Diese Arbeit wurde im Rahmen der interuniversitären DFG-Forschergruppe „Dynamic capillary fringes – A multidisciplinary approach“ (FOR 831) durchgeführt. Projektpartner am IFG in Tübingen, an der Universität Heidelberg, am UFZ in Halle/Leipzig und am EBI in Karlsruhe decken dabei die Bereiche Hydrogeologie, Modellierung, Umweltphysik und Wasserchemie ab.

1.1 Hydrodynamik

In der Hydrodynamik werden Wasserbewegungen durch Stromlinien angegeben. Man unterscheidet zwischen laminarer Strömung mit linear bzw. parallelen Stromlinien und turbulenter Strömung, bei der sich die Stromlinien überschneiden und mit der Zeit ihre Lage ändern können. Turbulentes Fließen kommt in der Natur wesentlich häufiger vor als laminares Fließen. Die Fließgeschwindigkeit (oder Abstandsgeschwindigkeit v_a) des Grundwassers berechnet sich durch den Quotient von horizontal durchflossener Strecke x und der Zeit t, die dafür benötigt wurde. Sie hängt von verschiedenen Faktoren, wie dem hydraulischen Gradienten I (= dh/dx) und dem Durchlässigkeitsbeiwert (k_f-Wert [m/s]) des Materials ab. Den k_f-Wert eines Mediums kann man mit Hilfe des Gesetzes von Darcy bestimmen, wobei Q den Durchfluss [m^3/s] und A die durchflossene Querschnittsfläche [m^2] darstellt (Hölting 1989):

$$\mathbf{Q = A \cdot kf \cdot I} \qquad (1)$$

Im CF treten allerdings verschiedene Strömungen auf. Im unteren, gesättigten Bereich ist die horizontal gerichtete Grundwasserströmung vorherrschend und gelöste Substanzen oder auch Bakterien, welche als Kolloide betrachtet werden können, werden per Advektion (mit der Strömung) in den CF transportiert (Dunn et al. 2007). Oberhalb des gesättigten Bereiches schlägt die Strömung aber mit zunehmender Höhe in eine vertikale Richtung um und wird durch die Kapillarkräfte und Verdunstungseffekte beeinflusst (Shokri et al. 2009). Haupttransportprozesse im oberen CF-Bereich sind Konvektion und Dispersion bzw. Diffusion (solange die Porenräume noch durch Wasserfilme miteinander verbunden sind).

1.2 Der Kapillarsaum

Der Kapillarsaum (CF) ist eine hoch variable, im Allgemeinen oligotrophe Bodenzone, die sich durch den kapillaren Aufstieg des Wassers aus dem Grundwasser (GW) in den darüber liegenden Porenraum ergibt (Abb. 1). Was die genaue Definition angeht, so gibt es zwischen den verschiedenen Wissenschaften immer noch Abweichungen. In der Forschergruppe wird die komplette (von voll- bis gering-wassergesättigte) Kapillarwasser-Region, bei der ein negatives Wasserpotential ψ_W messbar ist, als Kapillarsaum definiert. Einige Bodenphysiker nehmen zwar auch den Wasserspiegel als unterste Grenze des CF, aber bereits das Level ab dem eine kontinuierliche Luft-Phase beginnt als Obergrenze an, was die CF-Höhe auf den nahezu gesättigten Bereich beschränkt.

Die Kapillarkraft, welche das Wasser entgegen der Schwerkraft nach oben „zieht“, ergibt sich durch das Zusammenwirken der Adhäsionskräfte zwischen Wasser und dem zu benetzenden Material (bei Bodenpartikeln z. B. Quarz oder Ton-Minerale) und der Kohäsionskräfte zwischen den

Wassermolekülen untereinander, die auch für die Oberflächenspannung des Wassers verantwortlich sind (Schubert 1982). Die kapillare Steighöhe h [m] einer Flüssigkeit kann mit Hilfe von Gleichung 2 berechnet werden.

$$\mathbf{h} = \frac{2\sigma \cos \alpha}{\rho\, g\, r} \tag{2}$$

Wobei: σ = Oberflächenspannung der Flüssigkeit ($\sigma_{Wasser} \approx$ 72,8 mN/m bei 20 °C), α = Kontaktwinkel, ρ = Dichte der Flüssigkeit (ρ_{Wasser} = 1000 kg/m^3), g = Erdbeschleunigung (ca. 9,81 m/s^2) und r = Radius der Kapillare [m]. Für eine benetzende Flüssigkeit wie Wasser, bei der sich z. B. gegenüber Glas ein relativ geringer Kontaktwinkel von ca. 20° ausbildet, kann man Gleichung 2 vereinfacht ausdrücken als:

$$\mathbf{h} \approx \frac{14{,}0\ \mathrm{mm}^2}{r} \tag{3}$$

Da im Boden keine zylindrischen Kapillarröhren mit einem definierten Radius existieren, hängt in diesem System die kapillare Steighöhe und die Struktur des CF von der Korngrößenverteilung der Bodenpartikel, zwischen denen, je nach Art der Lagerungsdichte, Porenräume mit verschieden großen Durchmessern zu finden sind, sowie der Oberflächenspannung des GW ab (Ronen et al. 1997, 2000). Die jeweilige Porengröße wird als Äquivalentdurchmesser einer fiktiven Kapillare angegeben, wobei man zwischen Feinporen (< 0,2 μm), Mittelporen (0,2 – 10 μm) und Grobporen (> 10 μm) unterscheidet. Für Sande liegt die Porosität (= Anteil an Porenvolumen vom Gesamtvolumen) zwischen 36 % und 45 %, wovon der überwiegende Teil als Grobporen vorliegt (Gisi 1997).

Oft wird der CF aufgrund der unterschiedlichen Wassersättigungslevel auch in den „geschlossenen“ und den „offenen“ CF und die dazwischen liegende „Übergangszone“ unterteilt. Im geschlossenen CF steigt das Wasser sowohl in den größeren, als auch in den kleineren Poren auf und es liegen Sättigungen des Porenraumes zwischen 100 % und > 90 % vor. Sobald jedoch die Schwerkraft, die der Kapillarkraft entgegen wirkt, zu groß wird entsteht eine deutlich erkennbare Abgrenzung (Abb. 2B) (die Übergangszone), ab der mit zunehmender Höhe nur noch die engeren Poren des Bodenvolumens mit kleiner werdendem Äquivalentdurchmesser (→ größere Kapillarkraft) mit Kapillarwasser gefüllt sind. Oberhalb der Übergangszone nimmt der Wassergehalt nahezu linear mit zunehmender Höhe ab und für das gesamte Höhenprofil erhält man eine sigmoide Sättigungskurve (Abb. 2A).

Diese sich über die CF-Höhe verändernden Sättigungs-Eigenschaften haben einen großen Einfluss auf den Gastransport (von z.B. Sauerstoff oder CO_2) in die gesättigte Zone (Affek et al. 1998). Es wurden außerdem Studien über den Transport von gelösten Substanzen (McCarthy und Johnson 1993, Abit et al. 2008a) oder Kolloiden über den CF durchgeführt, die zeigten, dass dieser regelmäßig in alle Richtungen (vertikal und horizontal) stattfindet (Silliman et al. 2002). Trotzdem bleibt der CF eine sehr dynamische Zone, die signifikant die Wasserströmung und den Transport von Chemikalien von der ungesättigten Zone in die GW-Zone beeinflusst (Berkowitz et al. 2004).

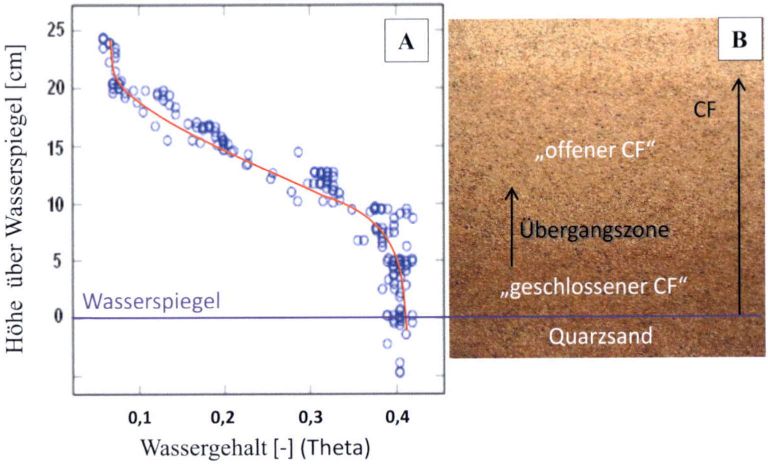

Abb. 2: A: Wassersättigungskurve für Quarzsand (Ø: 0,2 – 0,6 mm), (k_f-Wert ≈ 1,4 x 10^{-4} $\frac{m}{s}$), gemessen mit TDR-Sonden und entionisiertem Wasser. B: Foto eines CF in Quarzsand (Ø: 0,2 – 0,6 mm)

Das Wachstum von (aeroben) Bodenmikroorganismen im CF hängt vor allem von der vorhandenen Nährstoffkonzentration (angegeben z.B. als der gelöste organische Kohlenstoff (DOC)) und der Sauerstoff-Konzentration (SK) ab. Da der Sauerstoff-Diffusionskoeffizient in Luft 10^4-mal höher ist als in Wasser (Reid et al. 1987), wird die SK in den verschiedenen CF Zonen primär vom Wassergehalt beeinflusst. Die Wasserverfügbarkeit wiederum hängt ab von der jeweiligen Wasser-spannung, welche durch die Adsorptions- und Kapillarkräfte zwischen dem Wasser und den Bodenpartikeln bestimmt wird. Auch hier gilt: Je kleiner die Poren, desto größer die Kapillarkraft und damit auch die Wasserspannung. Diese Saugspannung (auch Matrixpotential genannt) kann als negativer Druck z. B. in Pascal oder in cm Wassersäule angegeben werden, wobei 1 hPa einer Wassersäule von 1 cm entspricht. Das Maß für die Wasserspannung ist der pF-Wert. Er entspricht dem dekadischen Logarithmus des negativen Matrixpotentials [hPa]. So entstehen in weiten Grobporen (> 50 μm) z. B. zwischen Sandkörnern Matrixpotentiale von bis zu - 60 cm Wassersäule, was einem pF-Wert von ca. 1,8 entspricht (Gisi 1997). In Feinporen, welche bei Sand nur in sehr geringem Maße auftreten, ergeben sich pF-Werte von über 4,2 (= permanenter Welkepunkt), d. h. das Wasser ist nicht mehr pflanzenverfügbar. Im CF kann dies je nach Korngrößenverteilung und Material im obersten Bereich auftreten, ist aber bei Sand eher nicht der Fall.

Je feiner das Bodenmaterial ist, desto enger werden die Porenräume und desto größer wird auch die Saugspannung bzw. höher der CF. In Abbildung 3 sind die Saugspannungskurven für verschiedene Bodenmaterialien aufgezeigt und man erkennt klar den Unterschied zwischen einem Sand- und einem Tonboden, welcher bereits unterhalb eines Wassergehaltes von 30 % einen pF-Wert > 4,2 besitzt.

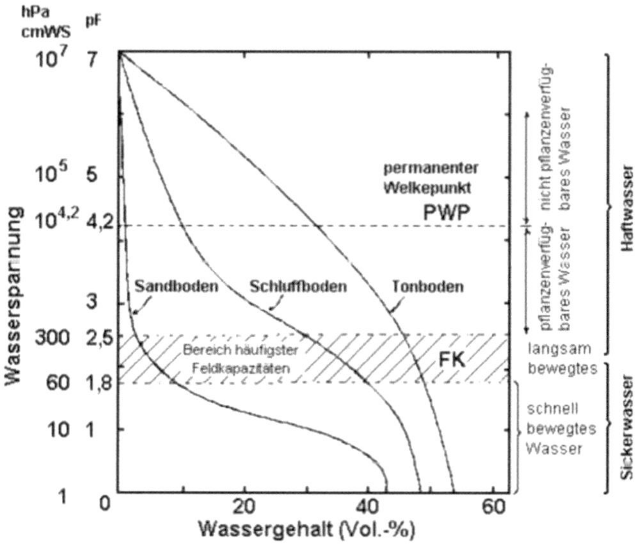

Abb. 3: Beziehung zwischen Wasserspannung und Wassergehalt (pF-Kurve) bei einem Sandboden, einem tonigen Schluffboden und einem Tonboden (nach Scheffer und Schachtschabel 1998)

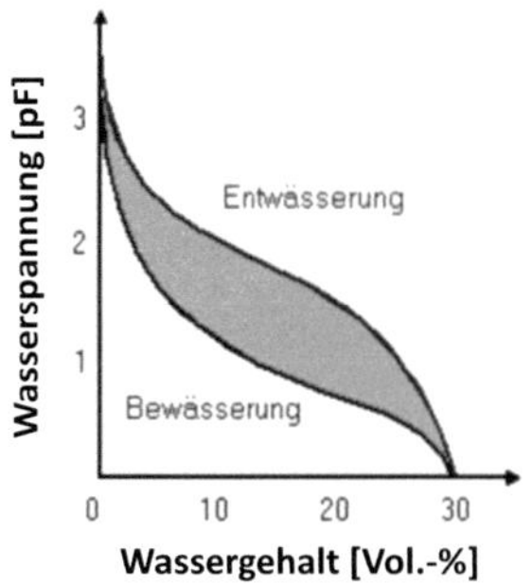

Abb. 4: Hystereseschleife für einen Sandboden (www.hydroskript.de)

Die Saugspannungskurven können sich zwischen Be- und Entwässerung des Bodenmaterials unterscheiden, was Hysterese genannt wird (Abb. 4). Mit Hilfe der Hystereseschleife eines Bodenmaterials lässt sich z. B. die Wasserverfügbarkeit im Kapillarsaum nach einer Wasserspiegelschwankung ermitteln.

1.3 Mikroorganismen im Boden

Die höchste Dichte an Mikroorganismen findet man im Boden, besonders im wasserungesättigten Bereich und in den obersten Bodenhorizonten mit hohem Organik-Anteil (Whitman et al. 1998). Allerdings hängt die Zelldichte stark vom Nährstoffangebot, also z. B. von der Bewirtschaftung des Bodens und vom Abstand zur Bodenoberfläche (Tiefe innerhalb der Bodenhorizonte A – B), ab (Nunan et al. 2003). Die Versorgung mit Nährstoffen (Pflanzenpartikel oder DOC) ist bei präferentiellen Fließwegen des Wassers und damit in Grobporen am höchsten (Bundt et al. 2001). Bewegliche Bakterien haben bei der Besiedlung von Porenräumen im Boden einen Vorteil, weil sie nicht nur auf den passiven Transport durch die Wasserströmung (vertikal oder horizontal) angewiesen sind, sondern per Chemotaxis aktiv zu Orten mit höherer Nährstoffkonzentration schwimmen können (Parales et al. 2000). In der Rhizosphäre wird die räumliche Verteilung der Bakterien häufiger durch Chemotaxis bestimmt, da sie z. B. Signalstoffe der Pflanzen oder Pilze nutzen und sich entlang der Wurzeln oder Pilzhyphen wie auf einem

„Highway“ bewegen können (Begonia und Kremer 1999, Furuno et al. 2010). Im gesättigten porösen Medium erhöht die Beweglichkeit dadurch die Verteilung der Bakterien, wobei in Böden mit kleinen Partikeln (kleiner als 50 μm im Durchmesser) Chemotaxis innerhalb eines Maßstabes von ca. 10 cm wahrscheinlich unbedeutend ist (Sharma et al. 1993). Im ungesättigten Boden wurden eher weniger Bakterien mit Flagellen entdeckt, der Großteil der Bakterien-Populationen besteht dort aus angehefteten Zellen (Harris 1994).

Im Boden leben sowohl aerobe, als auch fakultativ anaerobe oder strikt anaerobe Mikroorganismen. Für die zuerst genannten Metabolismus-Arten ist neben dem Wassergehalt und der Nährstoffversorgung außerdem die Sauerstoff-Konzentration im Porenraum für das mikrobielle Wachstum entscheidend. Im wassergesättigten Boden (bzw. im GW) herrschen annähernd anaerobe Bedingungen und ein Sauerstoff-eintrag geschieht hauptsächlich durch Wasserspiegel-Schwankungen oder durch infiltrierendes Wasser (Kohfahl et al. 2009). Dagegen ist im ungesättigten Boden ausreichend Sauerstoff vorhanden. Der CF bietet als Übergangsbereich prinzipiell ein anaerobes und ein aerobes Milieu für biologische Umsetzungen von Nährstoffen. Im Allgemeinen geschehen die Umsetzungen von organischen und anorganischen Stoffen im Boden überwiegend durch mikrobiologisch katalysierte Redoxreaktionen (Borch et al. 2010), auf denen die großen Stoffkreisläufe wie der C-, N-, P-, oder S-Kreislauf basieren. Die Bakterien nutzen dabei entweder den organischen Kohlenstoff oder CO_2 als C-Quelle für ihren Baustoffwechsel. Die respiratorischen Metabolismen (aerob und anaerob, also z. B. auch Nitrat- oder Sulfatatmung (Abb. 5)) sind dabei wahrscheinlich am häufigsten vertreten, wobei auch einige fermentative Prozesse im anaeroben Milieu zur Energiegewinnung genutzt werden. Die metabolische Aktivität der Mikroorganismen im ungesättigten Boden ist hauptsächlich limitiert auf kurze Perioden in denen der Wassergehalt hoch ist (z.B. nach einer Regenwasser-Infiltration) (Chang und Halverson 2003).

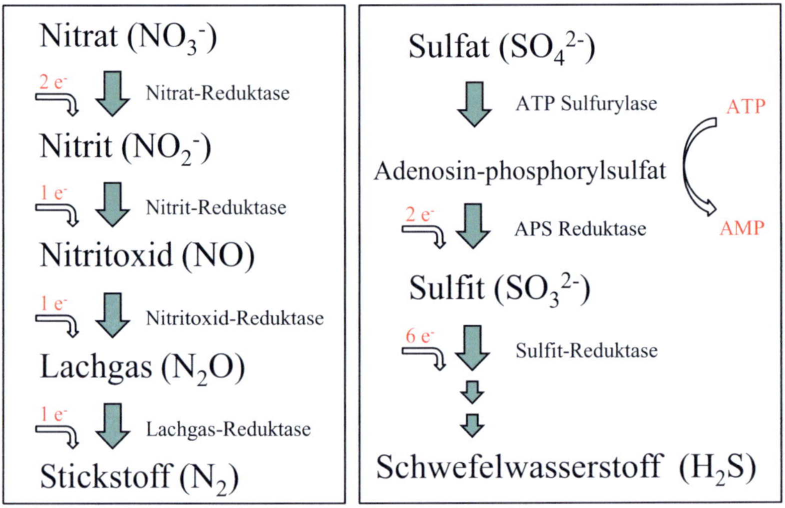

Abb. 5: Schritte bei der dissimilatorischen Reduktion von Nitrat zu Stickstoff und von Sulfat zu Schwefelwasserstoff durch Mikroorganismen (Madigan et al. 2000)

1.4 Wachstumskinetik der Mikroorganismen

Mikrobielles Wachstum wurde bereits von Monod beschrieben und kann in 4 Phasen eingeteilt werden (Abb. 6A). Zuerst durchlaufen die Mikroorganismen eine lag-Phase (I), in der sich die Zellen an das Wachstumsmilieu adaptieren und geringfügig vermehren. Danach folgt die log-Phase (II) mit exponentiellem Wachstum, bzw. einer gleich bleibenden hohen Wachstumsrate μ_{max}. Es folgt die Plateau-Phase oder auch stationäre Phase (III) genannt, in der die Wachstumsrate wieder kleiner wird und schließlich Null ist. Zuletzt sterben die Zellen in der Absterbephase (IV) kontinuierlich ab, sofern kein neues Substrat zur Verfügung steht. μ_{max}

wird über die exponentielle Steigung in der log-Phase und mit Hilfe der Formel in Abbildung 6B bestimmt, indem nach μ_{max} aufgelöst wird.

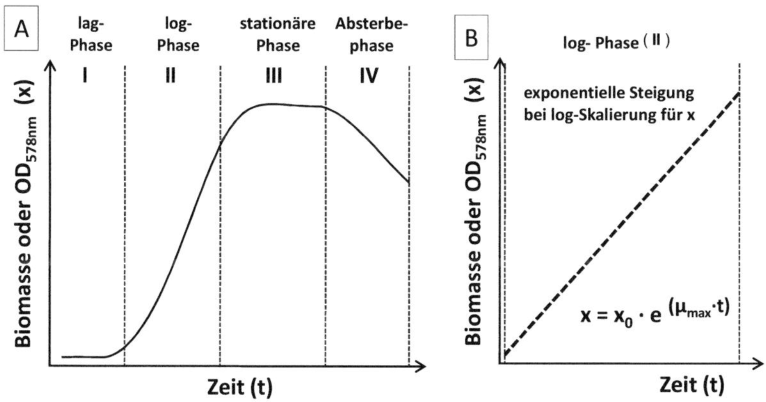

Abb. 6: A: Zellwachstumskurve und deren Einteilung in 4 Phasen, B: Bestimmung von μ_{max} durch halb-logarithmisches Auftragen der Werte für die log-Phase und Berechnen mit Hilfe der angegebenen Formel

Die Monod-Kinetik (Abb. 7) beschreibt dabei die Abhängigkeit der Wachstumsrate μ von der Substratkonzentration S. Der K_S-Wert (Substratkonzentration bei der halbmaximales Wachstum auftritt) kann über die Kurve ermittelt werden. Die Formel von Monod (1949) für die spezifische Wachstumsrate lautet:

$$\mu = \mu_{max} \frac{S}{K_S + S} \tag{4}$$

Ein ermittelter K_S-Wert gilt allerdings immer spezifisch für einen Organismus und für ein bestimmtes Substrat bei optimaler Versorgung mit allen anderen Stoffen, wie z. B. Sauerstoff.

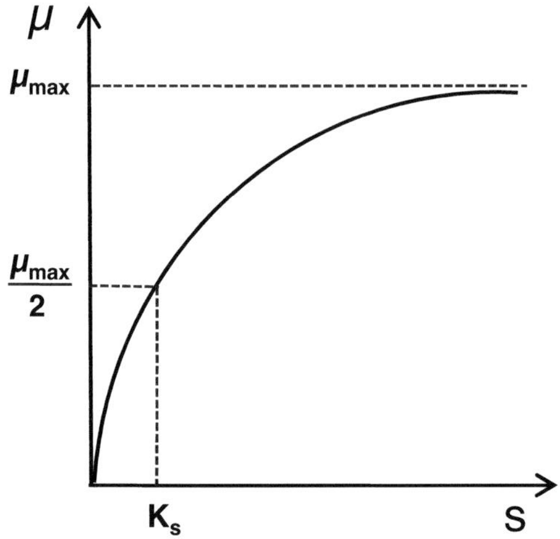

Abb. 7: Kurve für die Monod-Kinetik und Bestimmung des K_S-Wertes für ein bestimmtes Substrat S

Sobald das Wachstum von einem weiteren Faktor abhängt, wie im Kapillarsaum z. B. von der Nährstoff- und Sauerstoff-Konzentration, kann die normale Monod-Kinetik durch einen weiteren Term zu einer „Doppel-Monod-Formel" ergänzt werden (Kornaros und Lyberatos 1997), wobei c_O die Konzentration des gelösten Sauerstoffs, K_O die SK bei der halbmaximales Wachstum auftritt und x die Biomasse-Konzentration ist:

$$\frac{dx}{dt} = \mu_{max} \frac{s}{K_S + s} \frac{c_o}{K_o + c_o} \cdot x \qquad (5)$$

Für die Berechnung der Biomasse x in Abhängigkeit von der Substratkonzentration S, benötigt man zusätzlich den substratspezifischen Zellertrag (Yield) Y_S :

$$\frac{ds}{dt} = -\frac{\mu_{max}}{Y_S} \frac{s}{K_S + s} \frac{c_o}{K_o + c_o} \cdot x \qquad (6)$$

Als Substrate dienen den Mikroorganismen im Boden hauptsächlich auf CH_2O-Einheiten basierende Kohlenhydrate, wie z. B. zersetze Pflanzenmaterialien (Cellulose), Fettsäuren (z. B. Acetat) oder auch schwerabbaubare, polyzyklische aromatische Kohlenwasserstoffe (PAKs). Um aerobes Wachstum ex situ zu untersuchen wird allerdings häufig das Modelsubstrat Glukose ($C_6H_{12}O_6$) verwendet und die Umsatzgleichung für die Atmung (basierend auf der Glykolyse) vereinfacht angenommen als:

$$\mathbf{C_6H_{12}O_6 + 6\,O_2 \rightarrow 6\,CO_2 + 6\,H_2O} \tag{7}$$

wobei bei einem kompletten Umsatz von 1 mol Glukose (180 g) ungefähr 45 - 90 g Biomasse durch den Baustoffwechsel entstehen würden. Der Biomassezuwachs liegt meistens zwischen 25 und 50 % von der Substratmenge, da die Zellen die restliche Energie aus der Glukoseveratmung für den Energiestoffwechsel benötigen. Die benötigte Menge an Sauerstoff a [l] um eine bestimmte Glukosemenge b [g] komplett zu veratmen lässt sich mit Hilfe des Molargewichtes von Glukose m_b (180 g/mol) und dem molaren Gasvolumen V_m (22,4 l/mol, bei 20 °C) wie folgt berechnen:

$$\mathbf{a = 6\,b \cdot V_m / m_b} \tag{8}$$

1.4.1 Bakterielle Aktivität (Wachstum) im ungesättigten Boden

Die Mikroorganismen wachsen in der ungesättigten Bodenzone überwiegend als Mikrokolonien adsorbiert an die Oberflächen der Bodenpartikel oder bilden darauf einen Biofilm (Young und Crawford 2004). Die Atmungsaktivität der immobilisierten Bodenbakterien hängt dabei von der Bodentemperatur (Trevors 1991) und dem Wassergehalt (Linn und Doran 1984, Bell et al. 2008), sowie von der Nährstoff- und Sauerstoffversorgung ab (Sierra und Renault 1995). Die Nährstoff- und die Sauerstoffverfügbarkeit wird dabei durch den Wassergehalt bestimmt. Unterhalb des Wasserspiegels oder in Sedimenten nimmt die Sauerstoff-Konzentration mit zunehmender Tiefe sehr schnell ab und die respiratorische Aktivität der Bakterien wird signifikant limitiert (Mermillod-Blondin et al. 2005). In der Übergangszone des CF allerdings existiert ein hoher Wassergehalt und eine gute Sauerstoffverfügbarkeit, was diese Zone optimal für mikrobielles Wachstum macht (Jost et al. 2011). Dementsprechend hat der Wassergehalt nicht nur einen starken Einfluss auf die Atmungsaktivität der Bakterien sondern auch auf die CO_2-Gaskonzentrationen im Porenraum (Birkham et al. 2007). Bei einem geringen Wassergehalt bzw. bei hohen Matrixpotentialen (< -100 hPa), hängt die Nährstoffversorgung stark vom Diffusionskoeffizienten im Boden (D_S) ab, welcher im sogenannten „Millington and Quirk model" eine Funktion des Wassergehalts Theta (θ) darstellt. D_0 ist dabei der Diffusionskoeffizient in einer homogenen Flüssigkeit und Φ die totale Porosität des Bodens (Moldrup et al. 2000):

$$D_S = \frac{D_0 \, \theta^{10/3}}{\Phi^2} \tag{9}$$

Long und Or (2005) fanden heraus, dass die teilweise physikalisch isolierten Nischen, die durch die Fragmentierung des aquatischen Lebensraums im ungesättigten Boden vorkommen, die Koexistenz zwischen Bakterien-Spezies fördern und dadurch auch die Diversität der Mikroorganismen erhöhen. In Abbildung 8 ist das Ergebnis einer Simulation dargestellt, die das Wachstum von zwei Bakterien Spezies auf einer homogenen oder auf einer heterogenen Oberfläche (verschiedene D_S)

über die Zeit darstellt. Die schwächere Spezies Sp-2 kann dabei unter heterogenen Bedingungen relativ gut mit der stärkeren Spezies Sp-1 koexistieren, was einen Eindruck von der Situation in ungesättigten Boden-Nischen gibt.

Das Wasser im ungesättigten Boden ist in den Poren und Spalten der porösen Materialien fixiert oder als dünner Wasserfilm an festen Oberflächen verteilt (Tuller et al. 1999). Die Größe der Flüssigkeits-Elemente und die Filmdicke hängen vom chemischen Potential des Wassers und von der Porenraum-Geometrie ab.

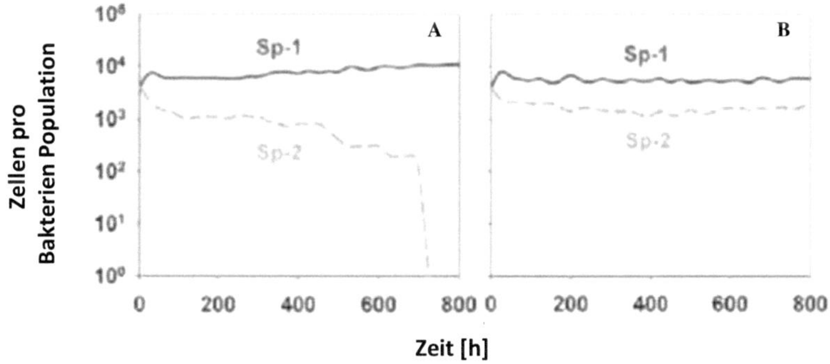

Abb. 8: Simulation einer Populationsgrößen-Veränderung zweier Spezies (stark = Sp-1, schwach = Sp-2) mit der Zeit auf einer homogenen (A) und einer heterogenen (B) Oberfläche (Long und Or 2005)

Die Filmdicke, welche das Wachstum von Bakterien durchaus beeinflusst (Perry et al. 2002), kann auf Grund von van der Waals Kräften an der Oberfläche durch Gleichung 10 berechnet werden, wobei l die Wasserfilmdicke [m], A die Hamaker-Konstante ($\approx$ -6 x 10^{-20} J für Wasser auf Silikat-Oberflächen), ρ die Dichte der Flüssigkeit und μ_w das chemische Potential des Wassers [J/kg] ist.

$$l(\mu) = \sqrt[3]{\frac{A}{6\pi\rho\mu}} \tag{10}$$

So entsteht beispielsweise auf einer glatten mineralischen Oberfläche bei Feldkapazität (Matrix-Potential im Bereich -10 bis -30 J/kg, bzw. -100 bis -300 cm Wassersäule) ein Wasserfilm von ca. 10 nm Höhe. Unter solchen Bedingungen wird natürlich die mikrobielle Mobilität zwischen Habitaten, welche nur durch dünne Wasserfilme miteinander verbunden sind, stark eingeschränkt (Harris 1981).

Für die Atmung von aeroben Mikroorgansimen im ungesättigten Boden ist das Zusammenspiel zwischen Sauerstoffeintrag über die Gasphase und der Nährstoffversorgung über zusammenhängende, mit Wasser gefüllte, Porenräume sehr wichtig. Die biologische Aktivität kann als eine Funktion von Porosität und Wassergehalt formuliert werden (Abb. 9A). Skopp et al. (1990) analysierten die Auswirkungen dieser Parameter auf die Atmungsaktivität von Mikroorganismen im Boden, basierend auf den Diffusionskoeffizienten verschiedener Nährstoffe (z. B. von Glukose in Wasser, D ≈ 6,6 x 10^{-6} cm²/s bei 20 °C (Onuma et al. 1985)) und Gasen. Nach diesem Model sollte bei einer Wassersättigung von 60 – 80 % die höchste Atmungsaktivität erwartet werden (Abb. 9B).

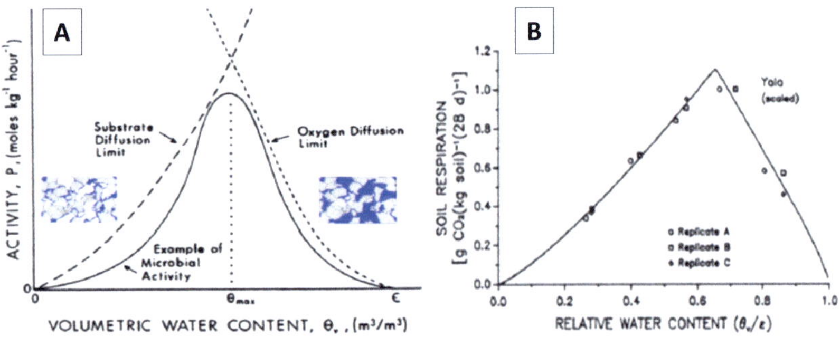

Abb. 9: (A) Beziehung zwischen der mikrobiellen Aktivität und dem Wassergehalt θ. Die gestrichelten Linien repräsentieren die Grenzen der Diffusionsraten von Sauerstoff und Substrat pro Bodenvolumen. (B) Regression des konzeptionellen Modells an Respirationsmessungen im Boden (modifiziert von Skopp et al. 1990)

In trockenen Böden besteht eine noch größere Abhängigkeit der Bakterien vom Wassergehalt (Bastida et al. 2006), so dass in semi-ariden Böden Südafrikas z.B. eine signifikante Korrelation zwischen der Atmungsaktivität der Organismen und dem Niederschlag ermittelt wurde (Wichern und Joergensen 2009). Bei niedrigen Wassergehalten bilden die Bakterien häufig extrazelluläre polymere Substanzen (EPS), welche eine schützende Gallerte um die Mikrokolonien bilden und sie z. B. vor Austrocknung schützen (Roberson und Firestone 1992, Holden et al. 1997). Die EPS-Schicht bzw. der gesamte Biofilm kann allerdings die physikalischen Eigenschaften des Mediums verändern oder auch den verfügbaren Porenraum und damit die Wasserdurchlässigkeit verringern (Avnimelech und Nevo 1964, Baveye et al. 1998) und schließlich zu „biological clogging" führen.

In der Anwesenheit von ausreichend Nährstoffen und Wasser, spielt außerdem die Bodentemperatur eine entscheidende Rolle für das mikrobielle Wachstum und die Aktivität der Organismen. Viele Feldstudien, Laborexperimente unter kontrollierten Bedingungen oder Computer Simulationen haben einen signifikanten Einfluss der Temperatur auf die Wachstumsrate (Glascoe et al. 1999) und die Atmungs- bzw. CO_2-Produktionsrate von Organismen dargelegt (Hendry et al. 1999). Abbildung 10 zeigt z. B. die Abhängigkeit der CO_2 Produktionsrate (a_m) einer Bakterienpopulation von der Temperatur (T) der Bodenoberfläche, welche mathematisch durch die exponentielle Arrhenius-Typ Beziehung mit folgender Formel beschrieben werden kann:

$$a_m = a_{m0} \cdot e^{k(T-T_0)} \tag{11}$$

wobei a_{m0} die CO_2 Produktionsrate bei einer bestimmten Temperatur (T_0) und k eine feste Konstante ist. In Abbildung 10 ist ein 4-facher Anstieg der CO_2 Produktion während eines Anstieges der Temperatur von 5 auf 20 °C zu erkennen (Wood et al. 1993). Solche Temperatur-Effekte sind nicht für alle Bakterien-Gemeinschaften gleich, sondern variieren je nach Standort und Typ der Mikroorganismen, die psychrophil, mesophil oder thermophil sein können und dann entsprechende Temperaturbereiche für ihr Wachstum benötigen.

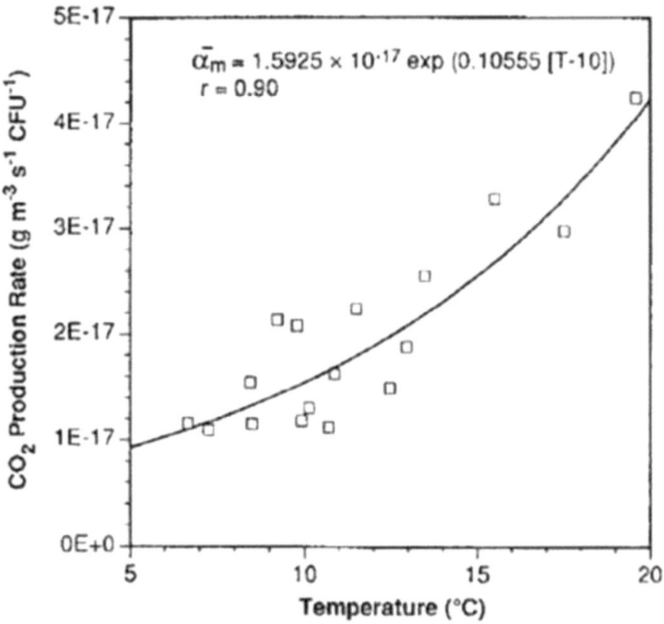

Abb. 10: CO_2-Produktionsrate im Boden [g/m³·s] pro koloniebildende Einheit (CFU) als Funktion der Oberflächentemperatur (Kurvenfit laut Gl. 11), aus Wood et al. 1993

1.4.2 Biofilme

Unter natürlichen Bedingungen wachsen Mikroorganismen häufig in Biofilmen als eine mikrobielle Multispezies-Gemeinschaft, in der sie sich vermehren oder gegebenenfalls ablösen, genetisches Material austauschen und verschiedene Nischen besetzen. Während Biofilme in aquatischen Systemen (z. B. in Wasserleitungen, Abb. 11A) bereits gut untersucht sind (Watnick und Kolter 2000, Flemming und Wingender 2001), ist relativ wenig bekannt über deren Struktur und Eigenschaften beim Bewuchs von Sandkorn-Oberflächen oder in Porenzwischenräumen. Für die ungesättigte Bodenzone nimmt man an, dass die Bakterien hauptsächlich Mikrokolonien oder Biofilme in engen Porenräumen oder Klüften und Spalten der porösen Bodenpartikel bilden.

Zur Biofilmbildung gehören mehrere Schritte (Watnick und Kolter 1999). Zuerst heften sich die Bakterienzellen durch van der Waalsche oder elektrostatische Kräfte an und bilden Mikrokolonien (Abb. 11B). Durch EPS-Ausscheidung bei der Zellvermehrung entsteht ein Biofilm und nach Erreichen einer bestimmten Größe (Dicke) des Biofilms trennen sich vereinzelt wieder Bakterien oder Zellaggregate ab („Detachment").

Das Anheften, also der Übergang von planktonischer zu sessiler Lebensweise, wird als hoch komplex angesehen und geht mit einer Veränderung der Genaktivität in den Zellen einher. Die Bakterien nehmen einen anderen Phänotyp an (z. B. durch Abwerfen von Flagellen) und weisen schon nach kurzer Verweildauer an der Grenzfläche deutlich veränderte Eigenschaften auf. Zum Beispiel wird bei *Pseudomonas aeruginosa* durch den Kontakt mit der Oberfläche die Synthese von Alginat induziert und auch bei anderen Bakterien wie *Vibrio cholerae* oder *Staphylococcus*-Spezies erwies sich die Bildung von EPS-Molekülen als notwendig zur Ausbildung der dreidimensionalen Architektur von

Biofilmen (O'Toole et al. 2000). Mutanten mit Defekten in der Polysaccharidsynthese bildeten lediglich einlagige Zellschichten. Die EPS-Produktion und bakterielle Adhäsion ist zudem noch abhängig von der Oberflächenspannung des jeweiligen Substrates (Becker 1996).

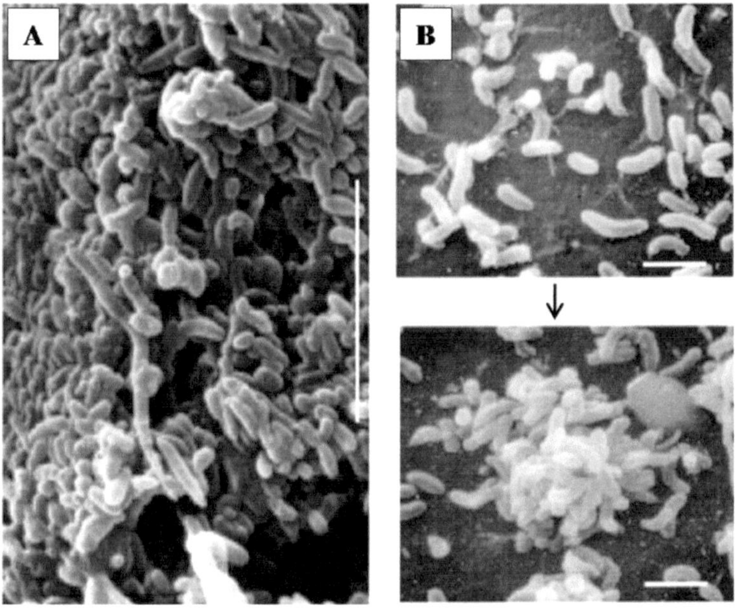

Abb. 11: A: REM Aufnahme eines Biofilms in einer Kupferrohrleitung, Balken: 10 μm (Flemming und Wingender 2001). B: Elektronenmikroskopische Aufnahmen angeheftete Zellen und Bildung einer Mikrokolonie von *Vibrio cholerae*, Balken: 2 μm (Watnick und Kolter 2000)

Die gelartige EPS-Matrix eines Biofilms ist ein dynamisches System, welches von den Organismen aufgebaut wird und sich den äußeren Umweltbedingungen anpassen kann. In diesem System arrangieren sich die Bakterien als stabile Mikrokonsortien, die synergistisch auf multizellulärer Ebene interagieren können (Flemming und Wingender 2001b). Oberflächen-Untersuchungen von *Pseudomonas putida* Biofilmen mittels AFM (Atomic Force Microscopy) ergaben, dass die EPS sogenannte Mesostrukturen (40 – 70 nm Durchmesser) auf den Zellen bilden (Abb. 12A,B) und die Oberflächenrauhigkeit eher durch das Altern eines Biofilms ansteigt, als durch das Trocknen, was nur einen geringen Effekt hat (Abb. 12A,C) (Auerbach et al. 2000).

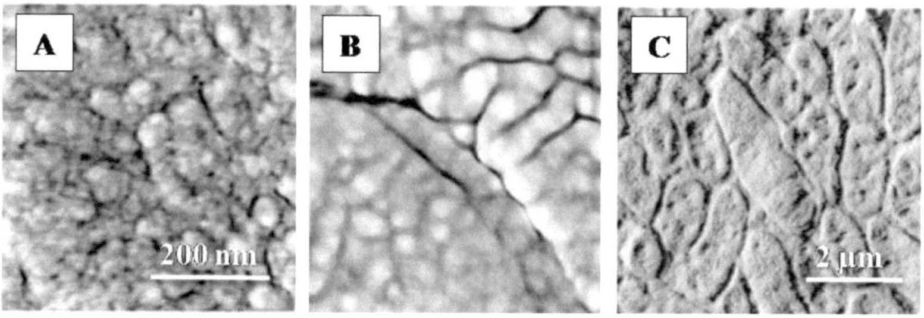

Abb. 12: AFM-Aufnahmen von *P. putida* mt-2 Biofilmen. Es sind Bilder von EPS-Mesostrukturen bei einem 2 Tage alten, ausgetrockneten (A) und nicht-ausgetrockneten (B) Biofilm, als auch ein Bild mit einer Zellschicht eines 2 Tage alten, ausgetrockneten Biofilms (C) zu sehen (Auerbach et al. 2000)

Die Kräfte, von denen die EPS-Matrix zusammengehalten wird, beruhen nicht auf kovalenten Bindungen, sondern auf der Summe schwacher Wechselwirkungen drei verschiedener Typen: Typ I: Dispersions-Wechselwirkungen („hydrophobe Wechselwirkungen“, Bindungsenergie: 2,5 kJ/mol), Typ II: Elektrostatische Wechselwirkungen (Bindungsenergie: 12-29 kJ/mol) und Typ III: Wasserstoffbrückenbindungen (Bindungsenergie: 10-30 kJ/mol) (Flemming et al. 2000). Neben den EPS scheiden die Bakterien auch Signalmoleküle (Autoinduktoren) aus um besser auf Veränderungen, z. B. von der Zelldichte oder einer Nährstoffkonzentration, reagieren zu können. Dieses Phänomen wird „Quorum sensing“ genannt. Gram positive Zellen verwenden z. B. peptidische Signalmoleküle (Bassler 1999), Gram negative eher verschiedene N-Acyl-Homoserinlactone (AHLs) (Pesci und Iglewski

1999), wobei es auch Moleküle gibt, die von beiden Gruppen gebildet werden können. Die Diffusionsgeschwindigkeit in der Gelmatrix ist für kleinere Moleküle oder Gase (wie z. B. O_2) nur geringfügig kleiner als in Wasser. Bei größeren bzw. schwereren Molekülen (ab 1 kg/mol) kann allerdings die Diffusion in der Gelmatrix erheblich langsamer sein als in Wasser (Flemming 1994).

Die EPS-Produktion durch Mikroorganismen kann verschiedene Folgen auf die physikalischen Eigenschaften des Bodens haben. Typischerweise erhöht eine größer werdende Konzentration der EPS die Wasserspeicherungskapazität des Bodens (Chenu 1993), aber sie können auch eine wasserabweisende Wirkung hervorrufen (Hallet und Young 1999). Die Abnahme der hydraulischen Leitfähigkeit (k_f-Wert) des Bodens aufgrund einer Akkumulation der Biomasse und der Aktivität, auch „bioclogging" genannt, wurde bereits in vielen verschiedenen mikrobiellen Versuchsansätzen bewiesen (e. g. Cunningham et al. 1991, Seki et al. 1998). Gründe für die durch Mikroorganismen verursachte Reduktion der hydraulischen Leitfähigkeit von wassergesättigten, porösen Medien sind dabei die Verringerung der Porosität, durch den „clogging-Effekt", bzw. des effektiven Porenraumes aufgrund von biogenen Gasblasen oder Mineralablagerungen. Eine Erhöhung der Viskosität und der Dichte des Porenwassers im Boden aufgrund von planktonischen Bakterien hat dabei einen vernachlässigbaren Einfluss (Rockhold et al. 2002).

Rittmann (1993) schlägt vor, dass der wichtigste Faktor bei der Quantifizierung von angehefteten bzw. abgesetzten Bakterien die Substrat-Verbrauchsrate sei, und schlug als Maßstab eine normalisierte Oberflächen-Beschickung vor, welche definiert ist über den tatsächlichen Substratfluss geteilt durch den minimalen Substratfluss, der benötigt wird um einen dicken Biofilm hervorzurufen. Wenn dieser Wert größer als 1,0 ist entwickelt sich ein konstanter Biofilm. Bei einem Wert kleiner als 0,25 entsteht ein lückenhafter Biofilm, der hauptsächlich in Porenverengungen vorkommt. In der ungesättigten Bodenzone treten wahrscheinlich, je nach Wassergehalt, alle möglichen Formen von bakterieller Anheftung auf, von einzelnen Bakterienkolonien in kleineren Klüften bis zu dicken Biofilmen in großflächigeren Poren.

1.4.3 Ziel der Arbeit

Physikalische Parameter wie z. B. der Gastransport (Affek et al. 1998) oder die Wassersättigung im Kapillarsaum (Schneider-Zapp 2009) wurden vereinzelt schon untersucht. Im Rahmen dieser Arbeit soll das Wachstum von Mikroorganismen unter den Bedingungen, wie sie im CF herrschen, genauer betrachtet werden und schließlich deren Einfluss auf physikalische Eigenschaften des CF ermittelt werden. Dazu sollen die natürlichen Bedingungen im Boden (in diesem Fall mit Quarzsand als definiertes poröses Medium) im Labor nachgestellt und verschiedene Versuche mit unterschiedlichen Bakterien-Spezies durchgeführt werden. Zu untersuchende Parameter sind der passive sowie der aktive Transport der Organismen, das Wachstum, der Sauerstoffverbrauch und die Biofilmbildung im CF. Effekte der Bakterien auf die hydraulische Leitfähigkeit, die Wassersättigung, die Sauerstoffdiffusion in die gesättigte Zone oder die Höhe des CF, sollen dabei im Einzelnen durch parallel angesetzte Versuche beschrieben werden.

Desweiteren soll durch die Modellierung der biologischen Aktivität im CF, welche auf den Parametern und Daten aus dieser Arbeit basiert und von Projektpartnern am Institut für wissenschaftliches Rechnen (IWR) der Universität Heidelberg durchgeführt wird, eine Wissenslücke gefüllt werden.

Ein möglicher Anwendungsbereich der Ergebnisse dieser Arbeit könnte z. B. im Bereich der biologischen Altlastensanierung in der ungesättigten Bodenzone liegen und das Verständnis über den Kapillarsaum als „Zone hoher biologischer Aktivität" erweitern. Womöglich helfen die neuen Erkenntnisse dieser Arbeit ebenfalls bei der Verbesserung von Sandfilter-Techniken, bzw. bei Methoden zur Grundwasserreinigung nach einem Schadstoffeintrag.

2 Material und Methoden

In dieser Arbeit werden ausschließlich Ergebnisse des Teilprojektes Nr. 4 „Microorganisms in the capillary fringe, a rapidly changing environment" der DyCap-Projektgruppe vorgestellt und deshalb auch nur die dafür benötigten Materialien und Methoden aufgelistet. Innerhalb des Gemeinschaftprojektes (Zentralprojekt) wurde außerdem ein Edelstahlcontainer (Abb. 13A) (1 m Länge, 0,5 m Breite und 0,75 m Höhe) konstruiert, der mit verschiedenen Meßsonden inklusive Datenspeicherungs-Hardware (Abb. 13B) ausgestattet und mit Quarzsand gefüllt, eine Möglichkeit zur 3D-Analayse von den Versuchen im Kapillarsaum geben soll. In der ersten Projektphase konnte die Versuchsapparatur allerdings nur für die Bestimmung einzelner physikalischer Parameter genutzt werden und es wurden noch keine Versuche mit Mikroorganismen durchgeführt.

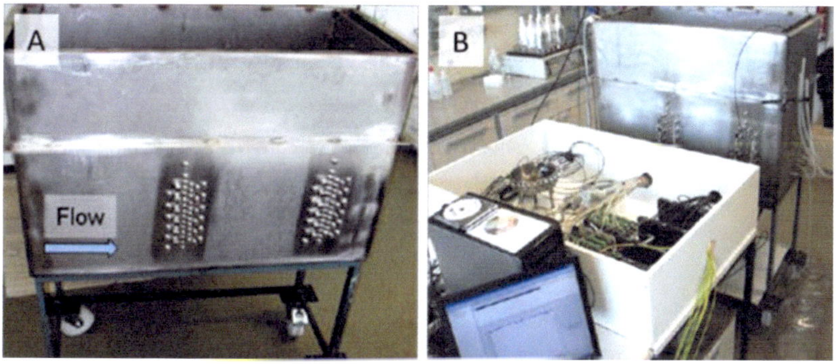

Abb. 13: Edelstahlcontainer für das Zentralprojekt der DyCap-Forschergruppe (1 x 0,5 x 0,75 m) gefüllt mit ca. 1/3 m³ Quarzsand (A) und Mess-Hardware inkl. der verschiedenen Sonden, welche physikalische Parameter wie Wassergehalt, Leitfähigkeit, Temperatur, Saugspannung und Sauerstoffgehalt direkt im Kapillarsaum messen können (B).

2.1 Physikalische Parameter

In allen Versuchen des Teilprojektes Nr. 4 wurde Quarzsand (Max Bahr, Deutschland) ($C_{org} \approx 0{,}005$ %) mit der Korngrößen-Fraktion 355-710 μm oder 710-1000 μm verwendet. Die Fraktionen wurden mit Hilfe von Edelstahl-Sieben (Retsch, Deutschland) vom Ausgangsmaterial abgetrennt. Für die zweite Projektphase und auch im Zentralprojekt einigte man sich auf die Nutzung von Quarzsand aus dem Rhein mit 200-600 μm Durchmesser (Weisenburger GmbH, Deutschland), da sich mit diesem Sand ein höherer CF ausbildet.

Hydraulische Leitfähigkeit verschiedener Sandproben

Für die Bestimmung der gesättigten hydraulischen Leitfähigkeit (k_f-Wert) gibt es mehrere Möglichkeiten. Man kann sie aus der Korngrößen-Verteilungskurve (Sieblinie) ableiten (Bestimmung nach HAZEN, ZIESCHANG oder BEYER (Langguth und Voigt 2004)) oder über eine Versuchsapparatur basierend auf Gleichung 1 (Darcy-Gesetz). In diesem Fall wurde der k_f-Wert der jeweiligen Sandproben in einem Laborversuch mit konstantem hydraulischen Gefälle und einem abgedichteten Plexiglaszylinder nach DIN 18130-1 (DIN 1998) und der umformulierten Darcy-Gleichung (Gl. 12) bestimmt, wobei: Q = Durchfluss [m^3/s], l = durchströmte Länge [m], A = Querschnittsfläche des Probekörpers [m^2] und h = hydraulischer Höhenunterschied [m] ist.

$$\mathbf{k_f} = \frac{\boldsymbol{Q \cdot l}}{\boldsymbol{A \cdot h}} \tag{12}$$

Um den Plexiglaszylinder oben und unten zu verschließen wurden poröse Keramikscheiben (Dicke: 1 cm) verwendet und der Sand wurde mit Leitungswasser durchströmt. Der Durchfluss Q wurde gravimetrisch bestimmt. Der k_f-Wert für den ungewaschenen, reinen Quarzsand lag bei ca. 1,4 x 10^{-4} m/s.

Dichte-Bestimmung und Porosität

Die Dichte des Quarzsandes [g/cm³] wurde mit Hilfe eines Pyknometers nach DIN 18 125-1 (DIN 2009) bestimmt. Dabei wird eine vorher gewogene Menge Sand in ein volumetrisch geeichtes Glasgefäß gegeben und die Wasserverdrängung durch den Sand abgelesen. Das verdrängte Volumen entspricht dabei dem Volumen des Sandes. Die dadurch ermittelte Dichte für den Quarzsand lag bei ca. 2,65 g/cm³.
Die Porosität kann durch die Berechnung der Differenz zwischen dem Schüttvolumen von Sand mit einem bekannten Trockengewicht in einem Messzylinder und dem über die Dichte berechneten Volumen bestimmt werden. Dabei sind alle Poren mit Luft gefüllt und nehmen im Fall des Quarzsandes ca. 38 % des Schüttvolumens ein. Die Porosität Φ ist damit 0,38.

Kontaktwinkelbestimmung

Der Kontaktwinkel einer Flüssigkeit gibt an, wie sie ihre Oberflächenspannung auf einem bestimmten Material halten kann und wird normalerweise auf einer glatten, ebenen Oberfläche bestimmt. Bei kleinem Kontaktwinkel α ist die Oberfläche hydrophil, bei größerem Kontaktwinkel (> 90°) hydrophob bis superhydrophob (Lotuseffekt) (Abb. 14a-c). Im Fall von Quarzsand war die Bestimmung etwas schwieriger aufgrund der unebenen Fläche, ließ sich aber mit fortlaufender Praxis bewerkstelligen. In Abbildung 14d ist ein Beispiel von einer Kontaktwinkelmessung mit dem optischen Messgerät OCA 20 (Dataphysics, Deutschland) für ein Sandkorn dargestellt. Für Messungen von α bei Sandkörnern mit oder ohne Bakterien-Bewuchs war Methyleniodid

(CH_2I_2) allerdings im Vergleich zu VE-Wasser eine geeignetere Flüssigkeit, weil sie stabilere Tropfen auf den Quarzkörnern ausbildete. Die gemessenen Kontaktwinkel lagen dementsprechend etwas niedriger als bei Wasser.

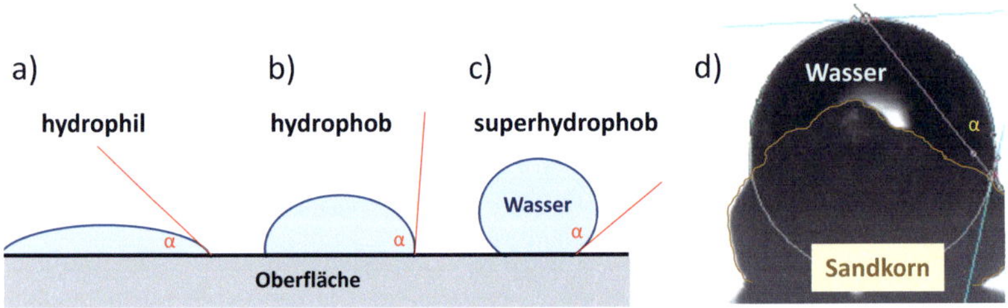

Abb. 14: Schematische Darstellung eines Wassertropfens und dessen Kontaktwinkel auf hydrophiler (a), hydrophober (b) und superhydrophober (c) Oberfläche. Bei d) sieht man einen Wassertropfen auf einem Quarzsandkorn inklusive optischer Meßmethode zur Bestimmung des Kontaktwinkels α.

Wenn ein Zusatzstoff oder eine Chemikalie die Oberflächenspannung des Wassers herabsetzt verringert sich ebenfalls der Kontaktwinkel α. Dieser lässt sich auch bei einem „liegenden Tropfen" (siehe Abb. 14) durch folgende Formel (Gl. 13) berechnen, wobei: σ_S = Oberflächenenergie des Festkörpers, σ_L = Oberflächenspannung der Flüssigkeit und σ_{LS} = Grenzflächenenergie zwischen Flüssigkeit und Festkörper ist.

$$\cos\alpha = \frac{\sigma_S - \sigma_{LS}}{\sigma_L} \tag{13}$$

Wasser hat z. B. eine sehr hohe Oberflächenspannung σ (mit 72,7 mN/m) im Vergleich zu anderen Testflüssigkeiten wie Hexan oder Hexadecan (Tab. 1)

Tab. 1: Oberflächenspannung von verschiedenen Testflüssigkeiten

Testflüssigkeit	Oberflächenspannung σ (mN/m)
Hexan	18,4
PDMS	18,7
Octan	21,8
Decan	23,9
Dodecan	25,4
Hexadecan	27,6
α-Bromnaphtalin	44,0
Methyleniodid	50,0
Glycerol	64,0
Wasser	72,7

Wassergehalt und Luftfeuchtigkeit

Der Wassergehalt einer Sandprobe oder eines Kapillarsaum-Volumens wurde gravimetrisch bestimmt. Dazu wurden die jeweiligen Sandproben in Porzellan-Tiegel überführt und mittels Feinwaage (Sartorius, Deutschland) der Wasserverlust, nach 12-24 h (Erreichen der Gewichtskonstanz) in einem Ofen bei 105 °C, ermittelt. Der Wassergehalt Theta (θ) kann entweder als Vol. % oder als Wassersättigung [%] angegeben werden. Somit würde bei einem Sand mit der Porosität von 0,38 eine Wassersättigung von 100 % einem Theta-Wert von 38 %, bzw. 0,38 entsprechen. Wenn man den Wasserverlust [g] bestimmt hat und das Porenvolumen der jeweiligen Sandprobe bekannt ist, lässt sich die Sättigung über die Dichte des Wassers (≈ 1 g/cm³) berechnen.

Die Luftfeuchtigkeit bzw. die Wasseraktivität (a_W-Wert) von verschieden gesättigten Sandproben wurde mit einem Sensor für relative Luftfeuchtigkeit HC2-C05 (Rotronic, Deutschland) in geschlossenen

Serumflaschen bestimmt. Der Sensor wurde zuvor in der Gasphase über verschiedenen gesättigten Salzlösungen nach Choosri et al. (2009) (LiCl: 11,3 % relative Luftfeuchtigkeit (rL), NaCl: 75,5 % rL und K_2SO_4: 97,4 % rL) geeicht.

Bestimmung des Wassergehaltes über ^{1}H-NMR-Spektroskopie

Neben der gravimetrischen Methode zur Bestimmung des Wassergehaltes wurde außerdem ein mq-ProFiler (Abb. 15) von Bruker Biospin (Deutschland) verwendet, um in situ Messungen direkt an unbeeinflussten Kapillarsäumen durchführen zu können. Dazu wurde die Methode der „Single-Sided NMR“ angewandt und eine sogenannte NMR-MOUSE™ (Guthausen et al. 2000) genutzt. Diese baut ein statisches Feld von 0,4 T flächig in einem Abstand von 0-5 mm auf. Sie wurde während der Messung direkt von außen an die Glasscheibe von Versuchszellen mit einem stabilen CF gehalten. So war es möglich die erhaltenen Amplituden-Werte und Relaxationszeiten, bei einer bi-exponentiellen Anpassung der Messergebnisse pro CF-Höhe, direkt mit einer Wassersättigung gleichzusetzen, wobei die höchsten Summenwerte dabei immer einer Sättigung von 100 % entsprachen.

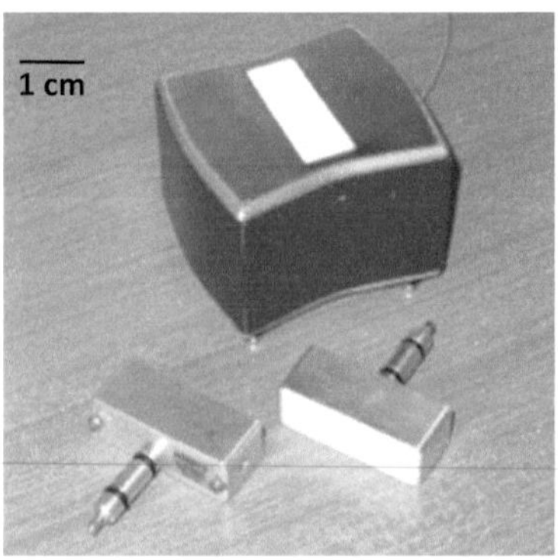

Abb. 15: Der mq-ProFiler von Bruker BioSpin für die „single-sided“ ^{1}H-NMR-Messungen und zwei RF-Einsätze für Messungen in Abständen zwischen 0-5 mm (Bizzaro et al. 2004). Für Messungen am CF wurde der ProFiler außen entlang der Versuchszelle mit Hilfe einer Hebebühne auf die

Elektronenmikroskopie

Elektronenmikroskopische Bilder von Sandkörnern aus verschiedenen Versuchsansätzen wurden im Laboratorium für Elektronenmikroskopie des KIT gemacht. Dafür wurde ein „Reflection Electron Microscope" (REM) des Types LEO 1530 (Carl Zeiss Optronics, Deutschland) mit einer Hochspannung von 10 kV und einer Auflösung von bis zu 0,5 nm (Cowley und Liu 1993) verwendet. In Abbildung 16 sind verschiedene Aufnahmen von Quarzsand zu sehen. Quarzsandkörner sind sehr porös und können eine eckige (Abb. 16A) oder eine abgerundete Form (Abb. 16B) mit tiefen Klüften und Porenräumen aufweisen.

Bestimmung des Sauerstoff-Verbrauchs mit der O_2-sensitiven Folie von PreSens

In den verschiedenen Experimenten dieser Arbeit wurde eine Sauerstoff-sensitive Folie benutzt (z. B. auf Innenwände von Glasgefäßen mit Silikonkleber geklebt (Abb. 17A)), die in der Gas- bzw. Wasserphase hinter der Folie eine online Messung der Sauerstoff-Konzentration ermöglichte, ohne diesen zu verbrauchen (Huber und Krause 2006).

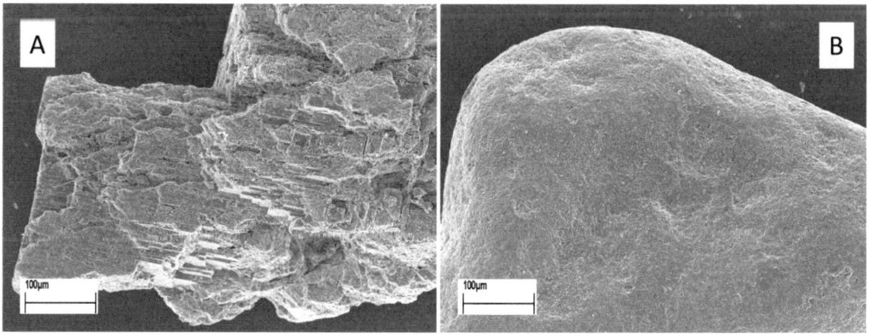

Abb. 16: REM-Aufnahmen von Quarzsand, eckiges (A) und rundes (B) Sandkorn als Vergleich

Das Prinzip beruht auf dem Einsenden eines Lichtsignals auf die Folie, welche mit einem Luminophor versehen ist und einer Emissionsverzögerung durch die O_2-Moleküle, welche mit dem Luminophor reagieren. Die Verzögerungszeit der Emission wird vom Messgerät (Fibox3, Abb. 17B) in eine entsprechende SK umgewandelt und direkt an einen Computer übertragen. Die Folie (SF-PSt3-NAU-YOP, PreSens, Precision Sensing GmbH, Deutschland) kann SK von 0 bis >100 % Luft-Sättigung messen und wurde mit 100 % O_2-gesättigtem Wasser und einer 0 %-Lösung kalibriet. Das O_2-gesättigte Wasser wurde durch Rühren und Belüften mit Raumluft erzeugt und das anaerobe Wasser (0 %-Lösung) wurde durch Zugabe eines Reduktionsmittels (1 % Natrium-Sulfit) hergestellt. Die Messung ist Temperatur kompensiert, da an der Fibox3 ebenfalls ein Temperatursensor angeschlossen ist und geschieht jeweils unter Berücksichtigung des aktuellen Luftdrucks. Das genaue Messprinzip wurde von Klimant et al. (1995) detailliert beschrieben und alle technischen Spezifikationen wurden von Warkentin et al. (2007) veröffentlicht.

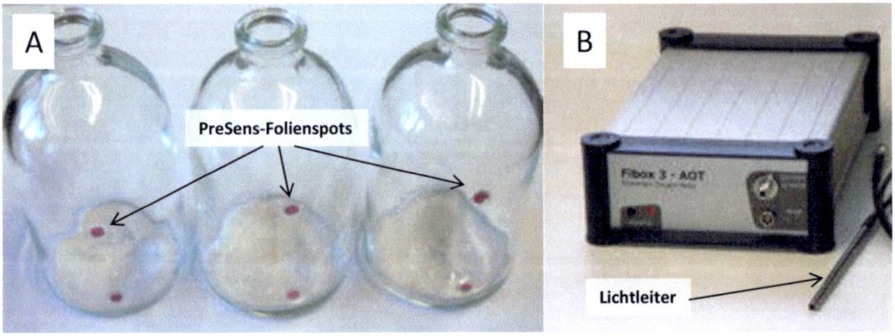

Abb. 17: A: An die Innenwände von Serumflaschen aufgeklebte Spots (Ø: 3 mm) der Sauerstoff-sensitiven Folie von PreSens, B: Messgerät „Fibox3" und Lichtleiter zur Messung von O_2-Konzentrationen mit Hilfe der Folie

Diese Methode zur Messung der SK wurde sowohl für Versuche in Serumflaschen als auch in anderen Experimenten (siehe Kapitel 2.3) angewandt. Allerdings muss die Kalibrierung immer in dem Gefäß geschehen indem später die Versuche durchgeführt werden, da die Lichtbrechung durch verschieden dicke Glaswände beeinflusst wird. Nachteile dieser Methode sind die manuelle Handhabung, da der Lichtleiter immer per Hand an die Folie gehalten werden muss. Allerdings wurden in den Versuchen Schablonen oder gebohrte Löcher zur leichteren Handhabung genutzt um punktgenaue Messwiederholungen durchführen zu können. Die Lebensdauer der Folie lässt sich auf mehrere Jahre erhöhen, wenn man sie pfleglich behandelt, d. h. bei Nichtnutzung im Dunkeln aufbewahrt, keiner Temperatur > 60 °C aussetzt und nach den Versuchen mit Bakterien vorsichtig mit Ethanol (96 %) (Merck, Deutschland) säubert.

2.2 Verwendete Mikroorganismen und biologische Parameter

Die in den Experimenten eingesetzten Mikroorganismen sollten verschiedene Charakteristika (wie z. B. beweglich/unbeweglich oder aerober/anaerober Stoffwechsel) aufweisen, um die unterschiedlichen Bedingungen im Kapillarsaum einzeln untersuchen zu können.

Es wurde *Lactococcus lactis*, ein kokkenförmiges, unbewegliches, Gram positives und anaerob wachsendes Milchsäurebakterium (Abb. 18A), verwendet, um das Wachstum im gesättigten Bereich des CF zu erfassen. *L. lactis* wurde in MRS Medium (Tab. 2) unter Stickstoffatmosphäre bei 27 °C über Nacht angezogen und die Stammkultur alle 3 Tage überimpft. Für die Versuche wurden die Zellen in 1:2 (mit entionisiertem Wasser) verdünntes MRS-Medium gegeben. Sie konnten so im CF wachsen (siehe

Kapitel 2.3). Als aerobes, stäbchenförmiges, bewegliches, Gram negatives und typisches Boden-Bakterium wurde *Pseudomonas putida* (DSM 291, DSMZ, Deutschland) (Abb. 18B) gewählt. *P. putida* wurde in 40 ml LB-Medium (Tab. 2) in 100 ml-Erlenmeyerkolben, verschlossen mit Baumwollstopfen, bei 27 °C und 200 U/min über Nacht angezogen, um die Zellen am nächsten Tag in den Versuchen zu verwenden. Die Stammkultur wurde wöchentlich überimpft. *P. putida* kann zudem aromatische Kohlenwasserstoffe wie Phenol abbauen, hat unter anaeroben Bedingungen die Möglichkeit zur Nitrat-Atmung und ist ähnlich wie *Pseudomonas aeruginosa* ein starker Biofilmbildner (Klausen et al. 2006). Als ebenfalls aerobes Bodenbakterium, aber Gram positiv und unbeweglich wurde *Corynebacterium glutamicum* (Abb. 18C) (DSM 20300, Kinoshita et al. 1958), von der Deutschen Sammlung von Mikroorganismen und Zellkulturen (DSMZ, Deutschland), verwendet. *C. glutamicum* wurde ebenfalls in 100 ml Erlenmeyerkolben aerob kultiviert, in Medium 53 (Tab. 2) für die Versuche angezogen und für die Stammkultur wöchentlich überimpft. *C. glutamicum* hat außerdem eine große Bedeutung in der weißen Biotechnologie, da es für die Herstellung nahezu aller biogenen Aminosäuren in fermentativen Produktionsprozessen verwendet wird.

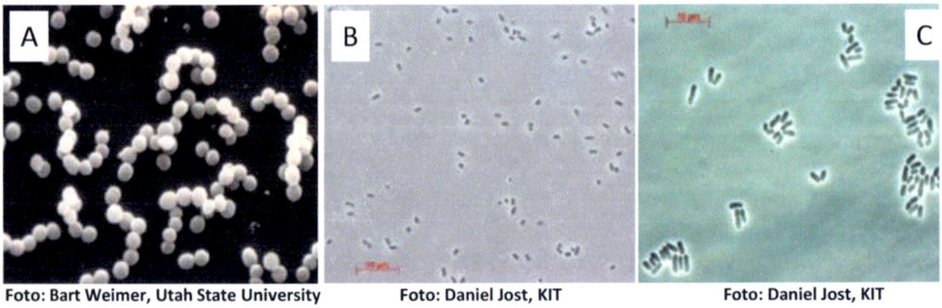

Abb. 18: Mikroskopische Zell-Aufnahmen von *Lactococcus lactis* (A), *Pseudomonas putida* (B) und *Corynebacterium glutamicum* (C). Die Bakterienzellen wurden bei B und C im Phasenkontrast betrachtet.

Tab. 2: Medienbestandteile [g/l] von MRS-, LB-Medium und M-53 in entionisiertem Wasser

MRS Medium (pH: 6,2-6,5)		Medium 53 (pH: 7,2-7,4)		LB Medium (pH: 7,0-7,2)	
Substanz	Menge [g/l]	Substanz	Menge [g/l]	Substanz	Menge [g/l]
Pepton aus Casein	10	Pepton aus Casein	10	Tryptose	10
Fleischextrakt	10	Hefeextrakt	5,0	Hefeextrakt	5,0
Hefeextrakt	5,0	Glukose	5,0	NaCl	10
Glukose-Monohydrat	22	NaCl	5,0		
Di-Kalium-hydrogen-Phosphat	2,0	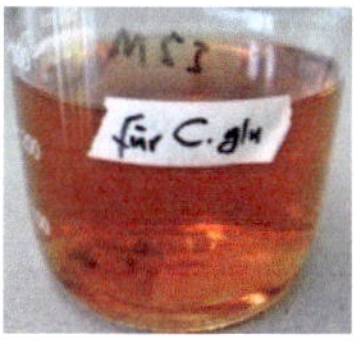			
Natrium-Acetat	5,0				
Ammonium-Citrat	2,0				
Tween 80	1,0				
Magnesium-sulfat-Hepta-hydrat	0,2				
Mangansulfat-Monohydrat	0,05				

Genetisch veränderte Organismen (GVOs)

Um die Visualisierung der Mikroorganismen in den Versuchen zu erhöhen wurden außerdem genetisch veränderte Organismen (GVOs) verwendet, die jeweils gegen ein Antibiotikum resistent waren und deren Resistenzgen direkt mit dem Gen für die Synthese des Grün-fluoreszierenden-Proteins (GFP) gekoppelt war. Es wurde ein unbeweglicher, gfp-markierter *Pseudomonas putida* Stamm (KT2440), generiert durch einen Allel-Austausch mit dem gekürzten Flagellengen (fliM) und gekoppelt mit dem Gentamycin-Resistenzgen aacC1 (Dechesne et al. 2010), benutzt um die unterschiedliche Verteilung im CF von beweglichen und unbeweglichen Pseudomonaden zu untersuchen. Der *P. putida* KT2440 Stamm wurde ebenso wie der Typ-Stamm aerob in LB-Medium (Gentamycin-Konzentration: 0,1 g/l) kultiviert.

Zusätzlich wurde ein Gram-negativer, beweglicher *Escherichia coli* Stamm verwendet, der aufgrund einer L(+)Arabinose induzierten GFP-Synthese stärker fluoresziert als *P. putida* KT2440 und außerdem noch durch die Kopplung mit dem ampR-Gen gegen Ampicillin resistent ist. Der gfp-markierte *E. coli*-Stamm (Abb. 19) wurde ebenfalls in LB-Medium (Arabinose: 0,5 g/l & Ampicillin: 0,1 g/l) aerob kultiviert.

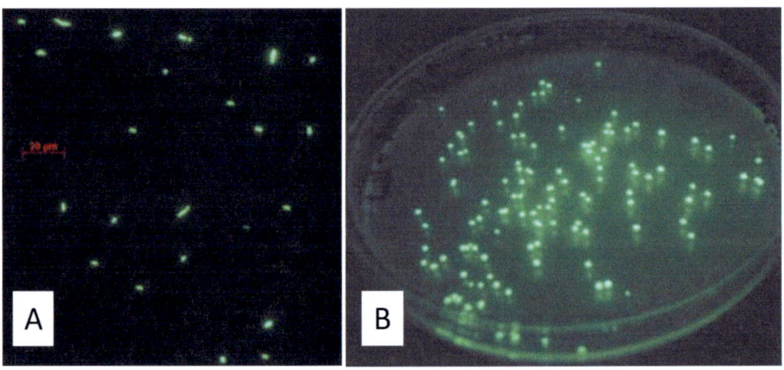

Abb. 19: Gfp-markierte *Escherichia coli* Zellen (A) und Kolonien auf LB-Agar mit L(+)Arabinose (0,5 g/l) & Ampicillin (0,1 g/l) (B) unter UV-Bestrahlung mit 365 nm

Messung der Zell-Hydrophobizität

Die Bakterienspezies *P. putida*, *E. coli* und *C. glutamicum* unterscheiden sich zwar nicht so stark in ihrer Größe und Form, weswegen sie nach Gannon et al. (1991) keinen signifikant unterschiedlichen, passiven

Transportprozessen im porösen Medium ausgesetzt sein sollten, aber sie weisen eine verschiedene Hydrophobizität an der Zelloberfläche auf. Eine höhere Oberflächen-Hydrophobizität (OH) z. B. bei *C. glutamicum* bewirkt in diesem Fall eine stärkere Anheftung der Zellen an Luft/Wasser-Grenzschichten (Schäfer et al. 1998). Die OH bzw. die relative Hydrophobizität (H_r) wurde nach Malmqvist (1983) mit Hilfe von n-Hexadecan ermittelt. Dazu wurden die Zellen als Pellet (Zentrifugation: 10 min, 8k U/min) in 3 ml 0,1 M NaCl-Lösung resuspendiert und die optische Dichte bei 600 nm (OD_{vorher}) gemessen. Nach Zugabe von 300 μl n-Hexadecan und 2 min Schütteln, wurde vorsichtig eine Probe aus der Wasser-Phase entnommen und erneut die OD ($OD_{nachher}$) bestimmt. Die H_r [%] lässt sich dann durch Division der beiden OD-Werte errechnen:

$$\mathbf{H_r = (1 - OD_{nachher} / OD_{vorher}) \cdot 100\ \%} \qquad (14)$$

Die H_r von *C. glutamicum* beträgt dabei fast 20 % und liegt damit viel höher als die Hydrophobizität von *E. coli*-Zellen mit 12,2 % bzw. *P. putida*-Zellen mit ca. 8 % (Abb. 20).

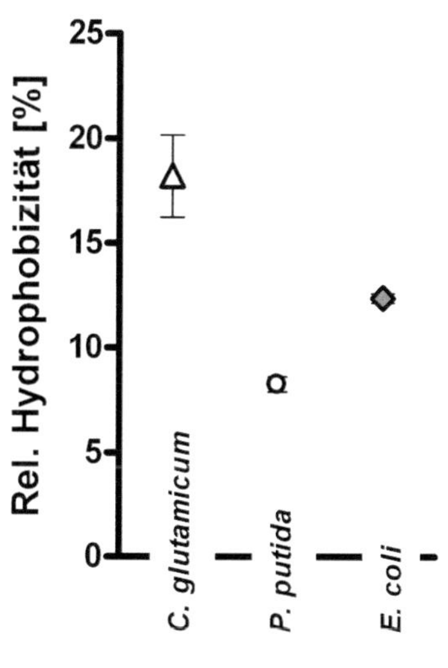

Abb. 20: Relative Hydrophobizität [%], bestimmt nach Malmqvist (1983) mit n-Hexadecan, von *Corynebacterium glutamicum*, *Pseudomonas putida* und *Escherichia coli* Zellen aus der log-Phase (n = 6, +/- Standardfehler des Mittelwertes)

Bestimmung der Gesamtzellzahl und der KBE

Die Gesamtzellzahl einer Zellsuspension wurde jeweils mit Hilfe eines Phasenkontrast-Mikroskops (Axioskop) (Carl Zeiss, Deutschland) nach der Methode von Taylor et al. (2002) bestimmt. Dabei wurden 5 μl einer Zellsuspension auf einen Objektträger gegeben, mit einem Deckgläschen (18 x 18 mm^2) abgedeckt und nach Zugabe von einem Tropfen Immersionsöl bei 1000-facher Vergrößerung, die Zellen des Test-Stammes im Bereich eines Okularnetzgitters (A = 0,01 mm^2) gezählt. Der Mittelwert aus mindestens 5 Gesichtsfeldern wurde mit dem Faktor 32.400 multipliziert um die Anzahl an Zellen pro Deckgläschen-Fläche und danach mit dem Faktor 200 um die Zellen pro ml zu berechnen. Wichtig war bei dieser Methode, dass sich keine Luftblasen unter dem Deckgläschen befanden, da sonst die Flächen-Hochrechnung fehlerhaft war. Bei aktiven (beweglichen) Zellen mussten diese vorher durch Zugabe von jeweils dem gleichen Volumen Formaldehydlösung (37 %ig) abgetötet werden.

Für die Bestimmung der Kolonie-bildenden-Einheiten (KBE) wurden die Zellsuspensionen verdünnt, so dass nur noch 10^3 - 10^4 Zellen/ml vorhanden waren, davon jeweils 100 μl auf Agar-Platten, mit 1,5 % Agar und dem entsprechenden Medium, ausplattiert und für ca. 24 h im Brutschrank bei 30 °C inkubiert. Die Kolonien wurden schließlich mit Hilfe eines Koloniezählgerätes (CC 560, Suntex, Taiwan) manuell ausgezählt. Unter Rücksichtnahme auf die Verdünnungsfaktoren wurde daraus ein Wert für die KBE/ml berechnet.

Bestimmung der organischen Trockensubstanz (o-TS)

Die organische Trockensubstanz (o-TS) wurde von Sandproben oder von Zellsuspensionen zur Ermittlung des Zellertrages (Y_S, Gl. 6) nach DIN 38414 S3 (DIN 1985) bestimmt. Dazu wurden die Proben in Porzellan-

Tiegel überführt bei 105 °C bis zur Gewichtskonstanz getrocknet und nach der Abkühlung, in einem mit Silicagel bestückten Exsikkator, gewogen. Danach wurde die organische Trockensubstanz in einem Ofen bei 550 °C während 3 h verbrannt und der Glühverlust [mg] nach erneutem Abkühlen im Exsikkator gravimetrisch bestimmt. Die Differenz zwischen dem Tiegel-Gewicht von vor bzw. nach dem Verbrennen ergibt direkt den o-TS-Wert der Probe in mg.

Bestimmung der Enzymaktivität von Mikroorganismen mittels FDA-Hydrolyse

Um bei der Versuchsanalyse nicht nur eine Aussage über die Zellvermehrung, sondern auch über die Aktivität der Mikroorganismen in einer bestimmten CF-Zone treffen zu können, wurde die Esterase-Aktivität der Organismen untersucht. Esterasen (oder auch Lipasen und Proteasen) kommen in fast allen Bakterien vor und können das farblose Fluorescein-Diacetat (FDA) an seinen zwei Esterbindungen spalten (Abb. 21) und es entsteht das grün leuchtende Fluorescein (Schnürer und Rosswall 1982). Fluorescein absorbiert Licht der Wellenlänge 490 nm und somit kann die Fluorescein-Konzentration einer Probe, nach der Anfertigung einer Eich-gerade mit verschiedenen Konzentrationen des wasserloslichen Na-Salzes von Fluorescein (Fluka, Deutschland), photometrisch bestimmt werden.

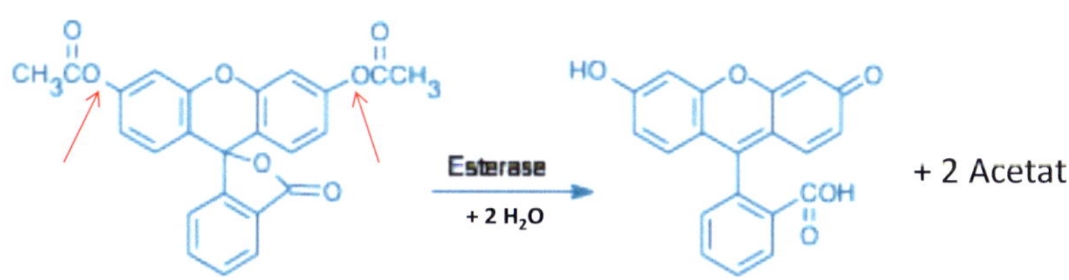

FDA Fluorescein

Abb. 21: Prinzip der Umwandlung von Fluorescein-Diacetat (FDA) zu Fluorescein durch Esterasen, welche die Esterbindungen (Pfeile) spalten können

Die Methode der FDA-Hydrolyse zur Bestimmung von mikrobieller (bzw. Esterase-) Aktivität wird oft bei Bodenproben, z. B. bei ariden Böden (Aseri und Tarafdar 2006), oder aber auch bei Biofilmen auf Fluss-Sedimenten (Battin 1997) mit Erfolg angewendet. Die für diese Arbeit relevanten Fluorescein-Eichgeraden (für Fluorescein in demineralisiertem Wasser oder in physiologischer Kochsalzlösung) sind in Abbildung 22 zu sehen und wurden photometrisch bei einer Wellenlänge von 490 nm bestimmt.

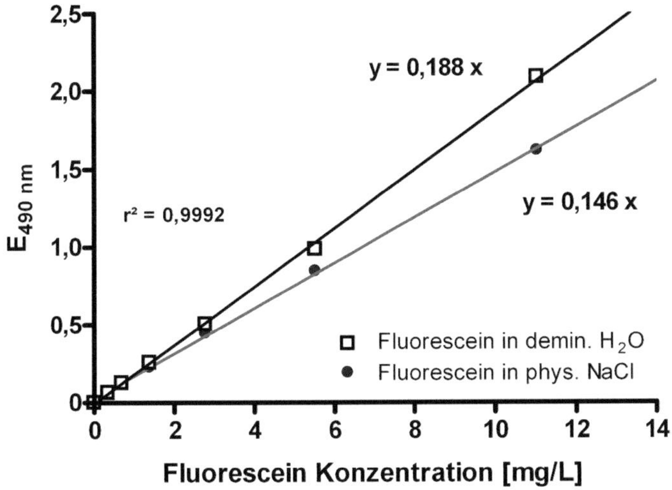

Abb. 22: Fluorescein-Eichgeraden für gelöstes Na-Fluorescein in zwei verschiedenen Flüssigkeiten. Gemessen wurde die Extinktion bei 490 nm

Als Parameter für die biologische Aktivität wurde die prozentuale Umwandlung des FDA in das Fluorescein verwendet. Dazu wurde vorher über die molare Masse berechnet wie viel Fluorescein aus einer bestimmten Menge FDA entstehen kann und dieser Wert dann mit der gemessenen Konzentration nach der Inkubationszeit verglichen. Es wurden jeweils 40 μg FDA pro ml Bakteriensuspension verwendet und die Fluorescein-Konzentration nach einer Inkubationszeit von 1 h bei 30 °C im Wasserbad und anschließender Zentrifugation (5 min, 10k U/min) gemessen. Nach der Inkubationszeit wurde die Enzymaktivität außerdem durch Zugabe von 500 μl Aceton gestoppt. Eine Fluorescein-Konzentration von 32 mg/l nach der Inkubation würde einer FDA-Umwandlung von 100 % entsprechen.

Fluoreszenz-Detektion bei der Verwendung von gfp-markierten Bakterien

Die Fluoreszenz des GFP wurde auf verschiedene Weisen (je nachdem wo die Bakterien sich gerade im Versuchssystem befanden) detektiert und quantifiziert. Die Berechnung der Fluoreszenz-Intensität (FI) bzw. der relativen Fluoreszenz (RF) wird über das Lambert-Beersche-Gesetz beschrieben, hängt ab vom molaren Extinktionskoeffizienten (ε), bzw. der Schichtdicke der Küvette (d) und ist proportional zur Konzentration des Fluoreszenzstoffes (c):

$$\mathbf{RF = \varepsilon \cdot c \cdot d} \tag{15}$$

Fluoreszenz-Intensitäten von Bakterien-Suspensionen wurden in einem Mikrotitterplatten-Fluorimeter (Fluoroskan Ascent CF, Thermo Labsystems, Deutschland) gemessen. Dafür wurden 100 μl einer Suspension in die jeweiligen Kavitäten pipettiert und eine Doppelmessung, mit dem Filterpaar 375 nm (für die Absorption) und 518 nm (für die Emission des GFP), durchgeführt.

Für lokale und gezielte Messungen der FI von außerhalb eines Testgefäßes wurde ein mobiles Lichtleiter Fluorimeter (Abb. 23) (Hermes Messtechnik, Deutschland) verwendet. Das Fluorimeter besteht aus einer Lichtquelle (wechselweise 495 nm für Fluorescein oder 405 nm für GFP) und einem Photomultiplier (Filter bei 510 nm) mit einem Stromstärke-Spannungs-Konverter, welcher ein elektrisches Signal aus der eingehenden Lichtintensität generiert. Der Lichtleiter besteht aus 2 isolierten und nebeneinander laufenden Leiterfasern, wovon eine an der Lichtquelle angeschlossen ist und das Licht auf die Probe leitet und die zweite gleichzeitig das emittierte Licht an den Photomultiplier zur Auswertung zurück leitet. Die Daten werden direkt über eine Software an den angeschlossenen Computer gesendet. Die Kalibrierung muss spezifisch für jedes Testgefäß und jede Meßmethode neu durchgeführt werden.

Eine andere Möglichkeit die FI von außen zu erfassen, ist ein hochaufgelöstes Foto des Testgefäßes (inkl. leuchtender Bakterien) mit einer Kamera (Digitalkamera Felix 2000 & Image-Software „Argus X1 Version 5.1, Biostep GmbH, Deutschland) zu machen und dieses mit einer Lichtintensitäts-Analyse-Software „TL 100" (Phoretix TotalLab Quant, Biostep GmbH, Deutschland) in Bezug auf eine Quantifizierung der FI auszuwerten.

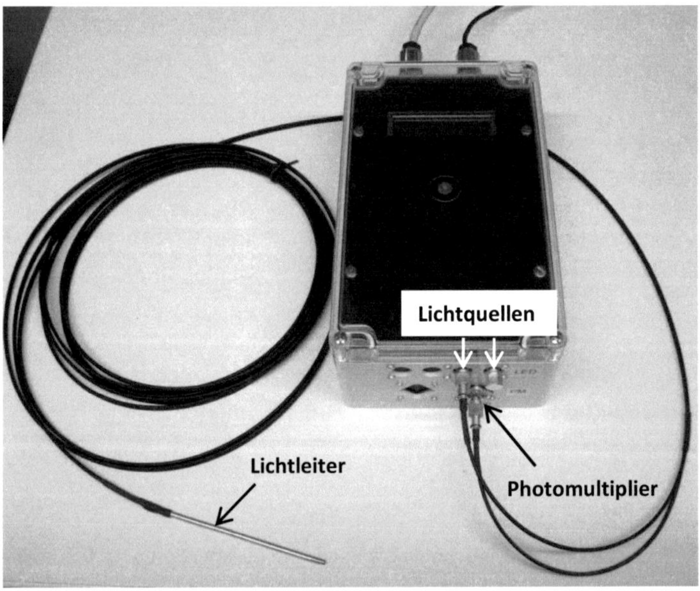

Abb. 23: Mobiles Lichtleiter-Fluorimeter mit Lichtquellen für die Anregung von Fluorescein oder GFP und einem Photomultiplier zur Detektion der Fluoreszenz-Intensitäten

Die Software TL 100 ist dafür gedacht Fluoreszenzen von z. B. DNA-Gelbanden zu quantifizieren oder Kolonien auf Agarplatten automatisch auszählen zu können, wird aber in diesem Fall genutzt um die Fluoreszenz-Intensitäten innerhalb eines manuell festgelegten Rasters zu bestimmen. In Abbildung 24 ist die Auswertung eines Fotos von einer Versuchszelle, gefüllt mit Quarzsand und gfp-markierten Bakterien, mit Hilfe von TL 100 zu sehen und die daraus resultierenden Intensitätswerte der Fluoreszenz sind grafisch dargestellt (Abb. 24B). Für diese Art der Fluoreszenz-Analyse muss die Kalibrierung für jede Kameraeinstellung bzw. jedes Versuchsdesign separat neu durchgeführt werden. In diesem Fall wurden immer die gleiche Belichtungsdauer für die Kamera (500 bzw. 1000 ms) und die gleiche Wellenlänge vom UV-Tisch (365 nm) für die Anregung des GFP verwendet, sowie derselbe Abstand zum Versuchsobjekt (0,5 m) gewählt.

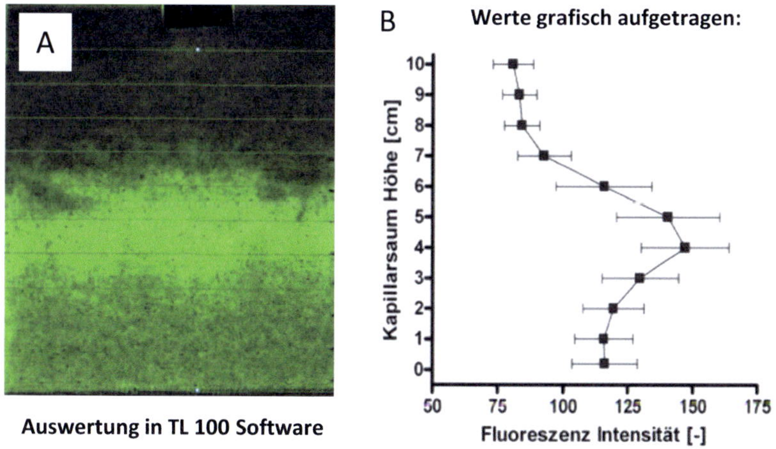

Abb. 24: Gewähltes Raster für die Auswertung der Fluoreszenz-Intensität eines Fotos von gfp-markierten Bakterien im CF mit der Software TL 100 (A) und die grafische Darstellung dieser Werte (B)

Bestimmung der Adsorption von Bakterien

Zur Bestimmung der Zell-Adsorption von *P. putida* oder *E. coli* an Trägermaterialien wurde eine Methode basierend auf den Erkenntnissen von Fletcher (1977) gewählt, die auf der Anheftung von Bakterien auf dem Boden von Petrischalen (Polystyrene-Oberflächen) beruht. Dabei wurden 5 ml einer Bakterienkultur vom Vortag (mit aktiven Zellen, Zellzahl/ml 1-2 x 10^9) in eine Petrischale gegeben, die Bakterien nach 24 h Inkubation bei 27 °C mit 0,9 % NaCl abgespült (Lösung nur für wenige Sekunden mittels einer Glaspipette über die Bodenfläche fließen lassen) und danach unter dem Mikroskop ausgezählt. Über die Fläche des Okularnetzgitters von 0,01 mm^2 konnte auf die Anzahl von angehefteten Bakterien pro mm^2 hoch gerechnet werden. Bei *P. putida* lag die Zahl bei 1,87 x 10^4/ mm^2 und bei *E. coli* gerade mal bei 400-600 Zellen/ mm^2, was zeigt wie groß der Anheftungsfaktor von *P. putida* im Vergleich zu *E. coli* ist. *P. putida* ist somit ein wesentlich besserer Biofilmbildner als *E. coli*. Da das Wachstum von Bakterien auf Quarzsand hauptsächlich in den Poren und Klüften, bzw. im Porenwasser geschieht wurde für die Bestimmung der prozentualen Anheftung der Bakterien auf dem porösen Medium Sand eine andere Methode verwendet. Dazu wurden in 2 ml Eppendorf-Gefäßen ca. 1 cm^2 große Filterpapierstücke (Zellstofffilter, Schleicher & Schuell GmbH, Deutschland) vorgelegt, die nassen/feuchten Sandproben aus dem CF (0,2 cm^3) darauf gegeben und mit einer sterilen Pinzette die Sandkörner auf dem Filterpapier verteilt, bzw. nach unten (auf den Boden des Gefäßes) abgeschabt. Die mit Porenwasser voll gesaugten Filterpapierstücke wurden danach in 1 ml physiologische NaCl-Lösung gegeben um die Bakterien mit einem Vortex (IK MS1 mini shaker, Wilmington, USA) innerhalb von 10 Sekunden zu resuspendieren. Zu den Eppendorf-Gefäßen mit den Sandkörnern wurde ebenfalls 1 ml NaCl-Lösung pipettiert um die angehefteten Bakterien, analog wie oben, in Suspension zu bringen.

Danach wurde von beiden Ansätzen die Zellzahl pro ml bestimmt und verglichen. Der Fehler ist zwar relativ groß (5-10 %), da auf den Sandkörnern nach dem Aufbringen auf das Filterpapier noch in engen Porenräumen suspendierte Bakterien zurück bleiben, aber die Methode gibt trotzdem einen guten Überblick über die Bereiche im CF in denen sich die Bakterien vorzugsweise anheften.

Bestimmung der Parameter für die Modellierung

Aufgrund der guten Detektionsmöglichkeit des GFP wurde hauptsächlich der gfp-markierte *E. coli*-Stamm in den Versuchen im CF verwendet. Die in Gleichung 6 aufgeführten Wachstumsparameter wurden deshalb vorerst nur für dieses Bakterium in einzelnen Experimenten ermittelt.

Zur Bestimmung des K_S Wertes (in diesem Fall für die DOC-Konzentration des LB-Mediums, da ein Substratgemisch vorliegt) wurden LB-Medien mit unterschiedlich verdünntem DOC-Gehalt hergestellt und bei 121 °C für 15 min autoklaviert. Jeweils 40 ml dieser Medien wurden in sterile 100 ml Erlenmeyerkolben gefüllt und aktive Zellen (Wachstumszeit < 24 h) hinzugefügt (Zellzahl von ca. 2 x 10^7 Zellen/ml, $OD_{578nm} \approx 0{,}050$). Die Erlenmeyerkolben wurden mit sterilen Baumwollstopfen verschlossen. Schüttelkulturen mit den jeweiligen Bakterien-Stämmen wurden bei 27 °C und 200 U/min inkubiert und die OD bei 578 nm nach bestimmten Zeitabständen gemessen. Aus den erhaltenen Wachstumskurven ließen sich über eine logarithmische Skalierung anhand der exponentiellen Wachstumsphase (Abb. 6B) die Wachstumsraten für die jeweiligen DOC-Konzentrationen im LB-Medium bestimmen (μ_{max} bei unverdünntem Medium). Nach der grafischen Auswertung mit Hilfe der Wachstumsraten (Abb. 7) konnte ein $K_{S(DOC)}$ für *E. coli* bestimmt werden. Zusätzlich wurde die DOC-Konzentration und die Biomasse (o-TS) der

Zellsuspension nach 24 h bestimmt, um einen $Y_{X,DOC}$-Wert (Zellertrag [g Zellen / g verbrauchtem DOC]) zu erhalten.

Für die Bestimmung des K_O-Wertes wurden 50 ml Gläschen mit 20 ml LB-Medium gefüllt, mit einem Plastikdeckel verschlossen und durch eine Edelstahlkanüle (70 x 0,9 mm), mit Hilfe von Gasgemischen aus künstlicher Luft (20 % O_2 & 80 % N_2) und N_2, mit verschiedenen Sauerstoff-Konzentrationen (SK) begast (Abb. 25). Dabei ragte die Kanüle bis zu 2 cm tief in das Medium, welches zusätzlich über einen Magnet-Rührfisch durchmischt wurde. Eine relativ stabil bleibende SK wurde durch einen hohen Gas-Zustrom (ca. 1,5 l/h) gewährleistet und mit Hilfe von zwei O_2-sensitiven Folien-Spots von PreSens (Abb. 25B) sowohl in der Flüssigkeit als auch in der Gasphase während des Versuches überprüft. Eine zweite Kanüle, welche nur in die Gasphase ragte, verhinderte die Bildung eines Überdrucks.

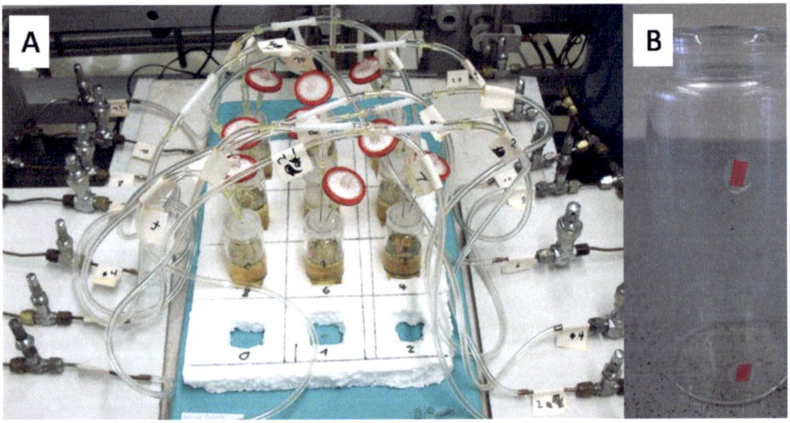

Abb. 25: A: Versuchsaufbau für die Bestimmung des K_O-Wertes. Es wurden mit Hilfe von Gas-Ventilen verschiedene Gasgemische aus künstlicher Luft und N_2 in 20 ml LB-Medium geleitet, welches zusätzlich mit einem Magnet-Rührfisch durchmischt wurde. B: Glas-Reaktionsgefäß mit 2 PreSens-Folien zur Messung der SK während des Experimentes in der Flüssigkeit und in der Gasphase

Damit sich kein Schaum bilden konnte, wurde außerdem eine Silicon-Antischaum-Emulsion (Carl Roth GmbH, Karlsruhe, Deutschland) als 1:100 Verdünnung dem LB-Medium beigemischt.

Der Versuch wurde bei Raumtemperatur (22 °C +/- 2 °C), mit einer Start-Zellzahl von ca. 2×10^7 Zellen/ml durchgeführt und es wurden die OD_{578nm} bei verschiedenen Zeitpunkten und der DOC-spezifische Zellertrag für *E. coli* bestimmt. Ähnlich wie für die Bestimmung des $K_{S,DOC}$-Wertes konnte mit Hilfe der unterschiedlichen Wachstumsraten der K_O-Wert ermittelt werden.

2.3 Versuchsaufbau der einzelnen Experimente mit Bakterien im CF

Versuchsapparaturen wie z. B. die Hele-Shaw Zellen oder die Durchflusszellen wurden gewählt um einen CF im Labor zu generieren und das Wachstum direkt im CF beobachten zu können. Manche Parameter wie z. B. die Atmungsraten oder die Wachstumsraten bei verschiedenen Wassersättigungen konnten allerdings nur in geschlossenen, separaten Systemen (also in Batch-Experimenten) bestimmt werden.

2.3.1 Experimente in der Hele-Shaw Zelle (HSZ)

Eine Hele-Shaw Zelle ist eine dünne, durch zwei flache Platten abgegrenzte, Durchflusszelle (meistens aus Glas) und ist benannt nach dem englischen Automobil-Ingenieur Henry Selby Hele-Shaw, der damit Strömungsversuche durchführte. Bei den Experimenten in diesem Projekt bestand die Hele-Shaw Zelle (HSZ) aus zwei 150 x 150 x 3 mm großen Glasplatten, welche seitlich durch zwei 10 x 150 x 2 mm große Glasstreifen auf Abstand gehalten wurden. Die Glasstreifen wurden mit einer dünnen Schicht Silikonfett versehen. Am Boden war die Glaszelle durch ein eingesetztes Edelstahlnetzgitter (250 µm Maschenweite) „geschlossen“. Die Glasplatten wurden seitlich mit Metall-Klammern zusammen gehalten (Abb. 26).

In die HSZ wurden je nach Versuch verschiedene poröse Medien (Quarzsand oder Glasperlen) gleichmäßig mit Hilfe eines kleinen Trichters gefüllt, oben und unten mit Alu-Folie verschlossen und dann bei 180 °C für mindestens 3 h Hitze-sterilisiert. Vom Quarzsand wurde je eine von zwei Siebfraktionen (355-710 µm und 710-1000 µm) und von den Glasperlen (SiLi Technologies GmbH, Deutschland) nur eine Fraktion von 150-250 µm verwendet.

Abb. 26: Hele-Shaw Zelle aus Glas gefüllt mit Quarzsand und eine Alu-Schale als Reservoir für verschiedene Flüssigkeiten

Die Glasperlen sollten als Medium mit glatter Oberfläche, im Vergleich zum Quarzsand, dienen und eine Visualisierung von gfp-markierten Bakterien in der HSZ, mit UV-Bestrahlung von hinten, begünstigen.
Die HSZ wurden jeweils in sterile Aluminium-Schalen (21 cm Länge x 2,5 cm Breite x 3 cm Tiefe) (Abb. 26), welche entweder mit Bakterien-suspension oder mit VE-Wasser gefüllt waren, 1 cm tief eingetaucht. Die Flüssigkeit konnte durch die Kapillarkräfte nach oben aufsteigen. Dies geschah zu Beginn der Versuche sehr schnell, so dass innerhalb der ersten 5 min bereits über 80 % der maximalen CF-Höhe erreicht wurde. Die volle Höhe des CF wurde mit Sand dann nach ca. 8 h und mit Glasperlen erst nach ca. 1 Tag erreicht. Die maximale CF-Höhe bei der feineren Sandfraktion, mit LB-Medium als Nährlösung für die Bakterien, lag bei

10-11 cm, bei der gröberen Fraktion bei 7-8 cm und bei den Glasperlen bei fast 12 cm. Allerdings sind die Wassersättigungs-Profile der Schüttvolumen von Glasperlen und Quarzsand sehr unterschiedlich (Abb. 27A&B). Die Bakterien wurden bei den Versuchen mit Glasperlen, aufgrund der engeren Porenräume und damit höheren Kapillarkräfte, durch den kapillaren Aufstieg des Wassers direkt bis ganz nach oben transportiert. Der Übergang von gesättigten zu ungesättigten Bedingungen war kaum erkennbar und die sogenannte Übergangszone war mit einem Ausmaß von weniger als 1 cm sehr eng. Im CF mit Quarzsand reichte die Übergangszone über ca. 4 cm und bot den Bakterien eine breite Zone mit erhöhtem Wachstumspotential. Deswegen wurden sämtliche Experimente zur Erfassung des Wachstums von Bakterien in der HSZ ausschließlich mit Quarzsand durchgeführt. Die Detektion der FI der gfp-markierten *E. coli*-Zellen war in den HSZ mit Quarzsand durch UV-Licht-Beleuchtung von hinten in ausreichender Form möglich.

Um die SK in den HSZ messen zu können wurde jeweils ein 1 x 10 cm Folien-Streifen von PreSens mittig auf die Innenseite einer Glasplatte geklebt (Abb. 27A) und später eine Plexiglas-Schablone inkl. Löchern mit 1 cm-Abständen von außen angebracht um mit dem Lichtleiter immer an den selben Stellen messen zu können. Gemessen wurde die SK im CF in %, damit der atmosphärische O_2-Partialdruck vom Messgerät bei der Umrechnung mit einbezogen werden konnte. Danach konnte die Konzentration entweder, unter Berücksichtigung der Temperatur, in mg O_2/l umgerechnet oder mit Bezug auf einen Maximalwert normalisiert werden.

Für die mit Quarzsand gefüllten HSZ wurden für verschiedene Flüssigkeiten gefittete Sättigungskurven anhand der gravimetrischen Messungen des Wassergehaltes erzeugt.

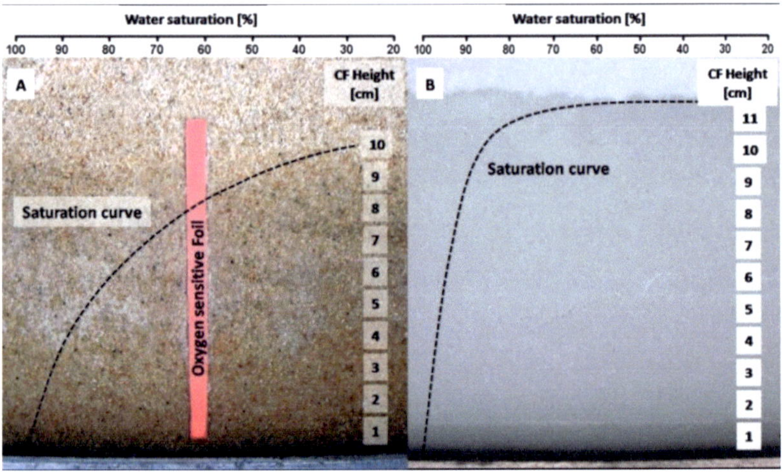

Abb. 27: Fotos von Kapillarsäumen (8 h nach Eintauchen in entionisiertes Wasser) und deren Wassersättigungs-Profile in Quarzsand (Ø: 355-710 µm), inkl. mittig eingeklebter O_2-sensitiver Folie (A) und Glasperlen (Ø: 150-250 µm) (B), aus Jost et al. 2011

In Abbildung 28 ist sehr gut sichtbar wie stark sich (laut Gl. 2) die Oberflächenspannung der Flüssigkeit bzw. des Mediums (LB-Medium hat durch die organischen Bestandteile einen geringeren σ-Wert) und der Korndurchmesser auf die CF-Höhe auswirkt. Bei gleicher Korngrößen-Fraktion ergibt sich somit für den CF bei der Verwendung von LB-Medium im Vergleich zu Wasser eine andere Sättigungskurve und eine geringere maximale CF-Höhe (Abb. 28). Zu beachten ist, dass die gefitteten Polynom-Kurven nur bis zur maximalen CF-Höhe gelten, da oberhalb des CF (ab einer Sättigung von ca. 30 %, bzw. Theta von 0,12) die Sättigungskurve wieder abknickt (Abb. 2A).

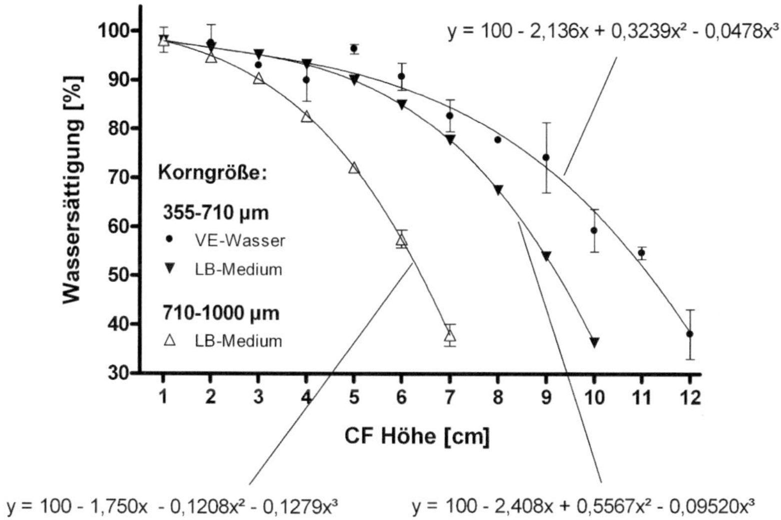

Abb. 28: Wassersättigungskurven (n=2, Polynom-Kurvenfit 3. Ordnung, gilt nur für den CF!) für Quarzsand 2 verschiedener Siebfraktionen und mit 2 verschiedenen Flüssigkeiten (LB-Medium und voll entsalztes (VE) Wasser)

Versuche mit Bakterien

Die in Kapitel 2.2 beschriebenen Bakterien wurden separat in HSZ-Versuchen genutzt um die Verteilung von beweglichen und unbeweglichen Bakterien oder die Biofilmbildung zu untersuchen. Dazu wurden jeweils Bakterien aus einer vom Vortag angesetzten Kultur in 100 ml des entsprechenden Mediums (1:2 verdünnt) in die Alu-Schalen gegeben, so dass eine Start-Zellzahl von 1-3 x 10^7 Zellen/ml erreicht wurde. Nach Eintauchen der sterilen HSZ wurden die suspendierten Bakterien durch den kapillaren Aufstieg der Nährlösung in den CF transportiert und konnten dort über einen längeren Zeitraum (3-6 Tage) wachsen. Bei Experimenten in denen die Verteilung der Organismen ausschließlich auf deren aktive Bewegung basieren sollte, wurde der CF vorher mit phys.

Kochsalzlösung generiert und die HSZ erst nach 6 h in die Bakteriensuspension getaucht. Die HSZ wurde immer senkrecht aufgestellt und die Alu-Schale mit Alu-Folie nach dem Eintauchen der Glaszelle abgedeckt, um Luftkeime fern zu halten. Während der gesamten Versuchsdauer herrschte Zimmertemperatur (22 +/- 2 °C). Um das Absinken der unbeweglichen *C. glutamicum*-Zellen in der Alu-Schale während des Versuches zu verhindern, wurden drei Magnetrühr-fische (Länge: 1 cm) hinzugefügt und die Schale auf einem Mehrstellen-magnetrührer (VARIOMAG, Deutschland) platziert. Nach den Versuchs-zeiträumen musste die HSZ vorsichtig auseinander gebaut werden, um die Sandproben entnehmen zu können. Dazu wurde die Zelle aus dem Flüssigkeits-Reservoir genommen, mit einer leichten Schräglage (damit das Sättigungsprofil einigermaßen erhalten blieb) auf eine Schaum-stoffablage gelegt und die obere Glasscheibe langsam nach unten geschoben, ohne dass das Edelstahlnetzgitter herunter fallen konnte. Danach konnten mit einem sterilisierten Metall-Spatel (Breite: 0,5 cm) Sandproben von einer jeweiligen Fläche von 1 cm^2 für jede CF-Höhe entnommen und in Eppendorf-Gefäße überführt werden (Abb. 29A&B). Zu den Sandproben wurde jeweils 1 ml physiologische NaCl-Lösung pipettiert und die Bakterien jeweils für 10 Sek. mit einem MiniShaker Vortex (Wilmington, USA) von den Sandkörnern gelöst. Die Enzym-Aktivität (FDA-Hydrolyse durch Esterasen) wurde entweder direkt durch Zugabe von 40 μg FDA pro ml in den Eppendorf-Gefäßen durchgeführt (Abb. 29C) oder **vor** dem Entfernen des Sandes, durch Aufsprühen einer FDA-Lösung (20 mg/l) auf den kompletten CF-Bereich, überprüft.

Die Gesamtzellzahlen pro Sandprobe bzw. pro cm^3 CF-Volumen wurden ebenfalls mit Hilfe der Bakteriensuspensionen für die jeweilige CF-Höhe unter dem Mikroskop bestimmt und mit der FDA-Umwandlung korreliert.

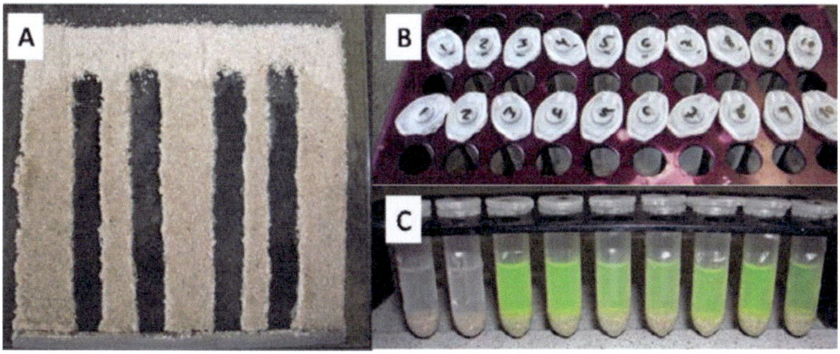

Abb. 29: A: Foto einer auseinander gebauten Hele-Shaw Zelle nach 4-facher Probenahme von jeweils 0,2 cm³ Sandvolumen für jeden cm des CF, B: Eppendorf-Cups gefüllt mit Sandproben + 1 ml 0,9 % NaCl-Lösung, C: Eppendorf-Reaktionsgefäße nach Zugabe von 40 µg FDA und einer Inkubationszeit von 1 h bei 30 °C im Wasserbad

Um zu überprüfen wie viele Bakterien nach dem Schütteln, also dem Ablösen der Bakterien, noch an den Sandkörnern angeheftet blieben wurden Sandproben vor und nach dem Schütteln entnommen, über Nacht getrocknet und mit Hilfe des Elektronenmikroskops betrachtet. Es konnte bestätigt werden, dass nach der Vortex-Methode nur noch sehr wenige einzelne Zellen in den engen Klüften der Sandkörner hängen geblieben sind, aber der Großteil abgelöst werden konnte.

Um Wasserspiegel-Schwankungen simulieren zu können wurde eine modifizierte HSZ verwendet. Sie besaß einen geschlossenen Boden und 2 Einlässe an die jeweils ein autoklavierter Tygon-Schlauch und eine sterile 20 ml Spritze angeschlossen wurden, mit denen man die Höhe des Wasserspiegels variieren konnte (Abb. 30). Die Probenahmen und Sand-Analysen wurden nach Versuchsende genauso durchgeführt wie bei Experimenten mit der „normalen" HSZ. Durch die O_2-sensitive Folie in der Mitte der HSZ konnte außerdem während des Versuchszeitraumes die SK in den verschiedenen CF-Höhen gemessen werden und durch Positionierung eines UV-Tisches (365 nm) direkt hinter der Glaszelle, konnten die eingesetzten gfp-markierten *E. coli*-Zellen sichtbar gemacht werden.

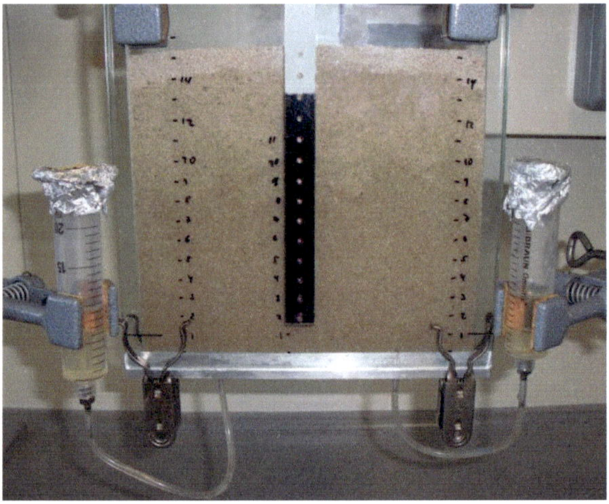

Abb. 30: Modifizierte HSZ, zur Einstellung der Wasserspiegelhöhe auf beiden Seiten, mit mittig eingeklebter O_2-sensitiver Folie und Lochschablone, zur Messung der Sauerstoff-Konzentration

Die Fluoreszenz-Intensität (FI) des GFP wurde über eine Bildanalyse mittels TL100-Software bestimmt und einer entsprechenden Zelldichte zugeordnet. Durch den Einsatz der gfp-markierten *E.coli*-Zellen erübrigte sich die Bestimmung einer Enzym-Aktivität per FDA-Umsetzung. In Abbildung 31A ist zu sehen, dass die *E. coli*-Zellen in einer Schüttelkultur zwar erst nach einer lag-Phase von ca. 8 h beginnen das GFP zu bilden, aber dann ab einer Anzahl von 10^8 KBE/ml eine recht hohe FI aufweisen und diese dann erst nach mehreren Tagen wieder geringer wird. Die Korrelation zwischen lebenden Zellen (KBE) und der FI ist hoch signifikant (Pearson $r = 0{,}84$) (Abb. 31B), wobei man das Bestimmtheitsmaß von $r^2 = 0{,}70$ eindeutig erhöhen könnte, wenn man die FI von verschiedenen Verdünnungen einer 24 h-Zellsuspension mit überwiegend aktiven Zellen messen und diese mit der Zellzahl korrelieren würde.

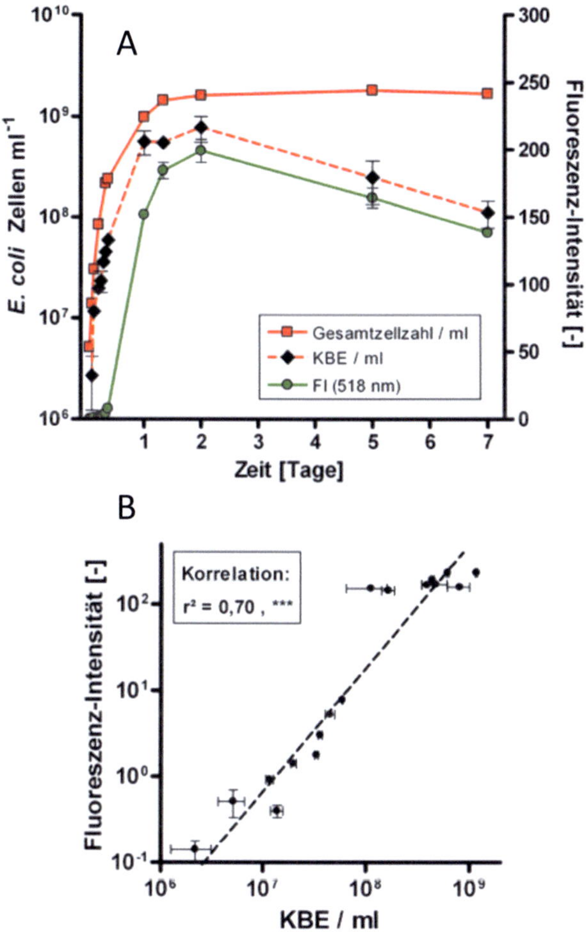

Abb. 31: A: Gesamtzellzahl und KBE pro ml (+/- SE, n=4) einer neu angesetzten Kultur von gfp-markierten *E. coli* und deren Fluoreszenz-Intensität (FI) bei 518 nm. B: Korrelation nach Pearson zwischen KBE/ml und der FI (+/- SE, *** = $p < 0{,}001$)

Um die FI einer Zelldichte zuordnen zu können wurde eine HSZ mit Hilfe von Glasstreifen in 5 Abschnitte unterteilt und Suspensionen mit unterschiedlichen Zellzahlen einer 24 h alten *E. coli*-Kultur in die Sandkammern pipettiert, so dass diese voll gesättigt waren (Abb. 32A).

Durch Auswertung der FI mit Hilfe von TL100 konnte eine Korrelation zwischen der Zelldichte (Zellen/cm³) und der FI von Pearson r = 0,981 ermittelt werden. Durch einen Kurven-Fit (Abb. 32B) konnte in

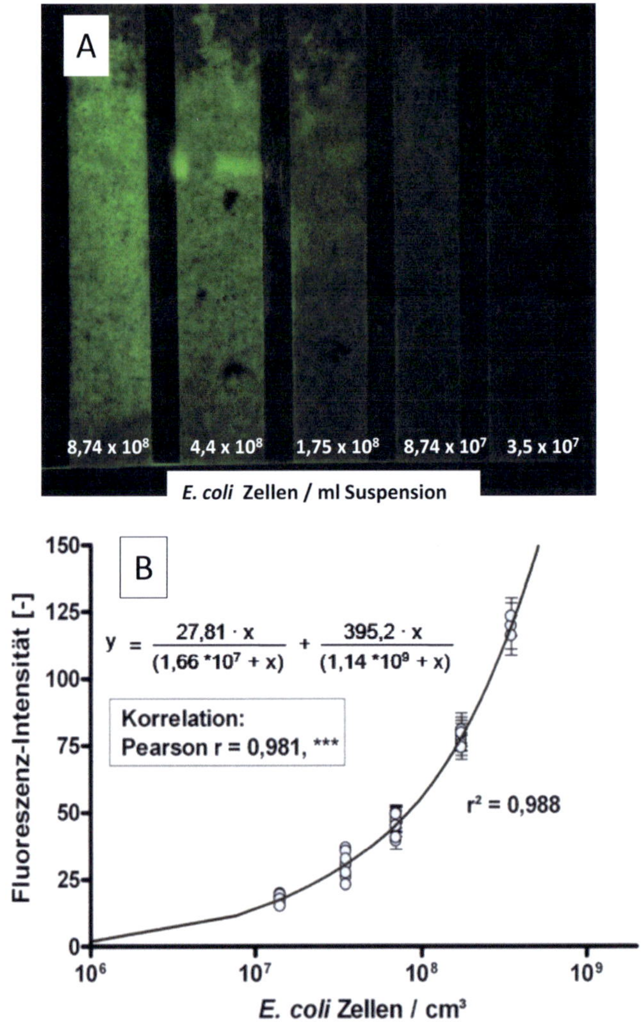

Abb. 32: A: Unterteilte HSZ gefüllt mit Quarzsand (Ø: 355-710 µm) und Suspensionen mit verschiedenen Zelldichten von gfp-markierten *E. coli* unter UV-Licht (365 nm). B: Korrelation (Pearson) zwischen Zelldichte und FI, inkl. Kurven-Fit (2-site binding hyperbola) und Funktionsgleichung

zukünftigen Experimenten direkt über die per Kamera erfasste FI eine Zelldichte in Zellen pro cm^3 CF-Volumen für einen bestimmten CF-Bereich angegeben werden.

2.3.2 Experimente in Batch-Ansätzen

Da in den HSZ jederzeit Sauerstoff aus der Raumluft in den CF diffundieren konnte, war eine Bestimmung des tatsächlichen Sauerstoffverbrauchs pro CF-Bereich nicht möglich. Deshalb wurde der Sauerstoffverbrauch für jede unterschiedliche Wassersättigung des Sandvolumens in Batch-Ansätzen in 120 ml Serumflaschen einzeln bestimmt. Dazu wurden die Serumflaschen mit 10 g Quarzsand (Ø: 355-710 μm) oder mit 10 g Glasperlen (Ø: 150-250 μm) gefüllt und für 3 h bei 180 °C hitzesterilisiert, wobei durch den kleineren Durchmesser der Glasperlen die Porosität des Schüttvolumens für beide Materialien bei ca. 0,38 lag. Die Flaschen wurden mit autoklavierten Gummistopfen verschlossen und mit steriler künstlicher Luft (20 % O_2, 80 % N_2 von Linde Gas, Deutschland) für 5 min begast, so dass die SK in jeder Flasche gleich war. Für das Inoculum wurden ca. 2 x 10^8 Zellen aus einer frisch gewachsenen Kultur (*P. putida* oder *E. coli*) mit einer OD > 3,0 entnommen, in physiologischer NaCl-Lösung gewaschen und in 400 μl LB-Medium resuspendiert. Da man für eine 100 %ige Sättigung des Sand- bzw. Glasperlen-Volumens insgesamt 2,64 ml benötigte, wurde das fehlende Volumen durch physiologische NaCl-Lösung ersetzt und zum LB-Medium hinzugefügt (Tab. 3), so dass der DOC-Gehalt immer der gleiche war. Durch das Einspritzen der unterschiedlichen Bakterien-suspensionen in die Serumflaschen wurde der Versuch gestartet und sieben verschiedene Sättigungslevel des porösen Mediums (Tab. 3) generiert, wobei für die 7,5 % Sättigung 200 μl 2-fach konzentriertes LB-Medium verwendet wurden.

Tab. 3: Flüssigkeitsmengen (LB-Medium + 0,9 % NaCl-Lösung) für das Einstellen von Sättigungen zwischen 7,5 % bis 100 % von 10 g porösen Mediums (Sand oder Glasperlen), * = 2-fach konzentriert

Wassergehalt, θ [vol.%]	2,85	5,7	9,5	19,0	26,6	30,4	38,0
Sättigung [%]	7,5	15	25	50	70	80	100
Nährlösungs-Volumen [ml]	0,2*	0,4	0,66	1,32	1,84	2,1	2,64
davon 0,9 % NaCl [ml]	-	-	0,26	0,92	1,44	1,7	2,24

Die Serumflaschen mit Sand (Abb. 33A) wurden für 1 min bzw. die Flaschen mit Glasperlen für 0,5 min vorsichtig per Hand geschüttelt, um eine einigermaßen gleichmäßige Durchmischung, aber gleichzeitig keinen zu großen Verlust von mechanisch aufgeschlossenen Bakterienzellen zu erhalten. In Abbildung 33B ist zu erkennen, dass bei längeren Schüttelzeiten mehr Zellen pro g porösem Medium (bei Sand und noch drastischer bei Glasperlen) zerstört werden. Die Schüttel-Experimente wurden mit ca. 5,5 x 10^7 *P. putida* Zellen pro g porösem Medium in Serumflaschen bei Raumtemperatur angesetzt und die KBE auf LB-Agar-Platten nach verschiedenen Schüttelzeiten, durch vorheriges Resuspendieren der Zellen nach der Probenahme des porösen Mediums in 0,9 % NaCl, bestimmt.

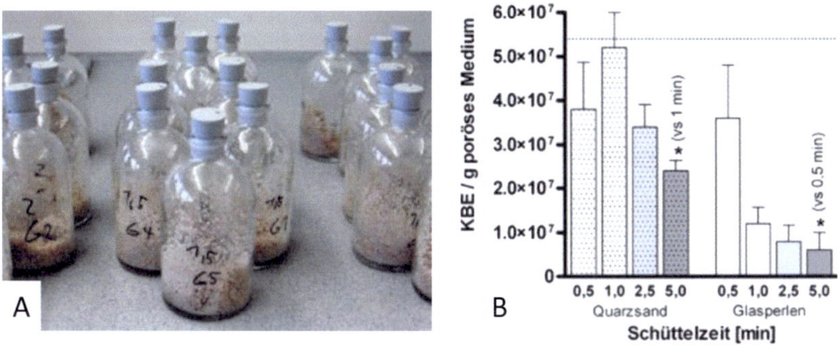

Abb. 33: A: Serumflaschen gefüllt mit 10 g Quarzsand und verschiedenen Flüssigkeitsvolumen inkl. der zu untersuchenden Bakterien. B: Anzahl an KBE von *P. putida* pro g porösem Medium (Sand & Glasperlen) nach verschiedenen Schüttelzeiten (+/- SE, n = 3), gestrichelte Linie = Anzahl der Start-KBE, * = $p < 0,05$ (One-way ANOVA mit Bonferroni's test)

Während der Atmungsversuche (bei 27 °C Inkubationstemperatur) wurde die Abnahme der SK mit Hilfe eines Gaschromatographen (Model CP 9001, Chrompack, Deutschland) gemessen und die O_2-Verbrauchskurven grafisch aufgetragen. Ähnlich wie bei der Wachstumskurve lässt sich über einen Kurven-Fit eine lineare Steigung für den exponentiellen Anstieg der sigmoiden Kurve ermitteln, welche mit der Atmungsrate [$\mu l\ O_2\ h^{-1}$] gleichgesetzt werden kann. Bezieht man diese Rate auf die Anzahl der Bakterien bzw. auf die Substratmenge erhält man eine spezifische Atmungsrate [$\mu l\ O_2\ h^{-1}\ mg\ DOC^{-1}$].

Das Problem bei allen Batch-Versuchen mit Quarzsand war, dass sich die Flüssigkeit nicht zu 100 % gleichmäßig auf den Sandkörnern verteilen ließ, sondern die Bakterien wahrscheinlich überwiegend in kleineren Porenräumen, die mit Flüssigkeit gefüllt waren, gewachsen sind und dadurch bei niedrigen Sättigungen trotzdem noch ausreichend Wasser zur Verfügung hatten. Um den Einfluss von Wassermangel auf die

Atmungsaktivität der Bakterien noch besser untersuchen zu können wurden Versuche mit LB-Medium mit steigenden Agar-Konzentrationen durchgeführt. Laut Hersteller bindet 1 % Agar 5 % des Wassers im Medium und man reduziert somit mit steigenden Agar-Mengen die Bioverfügbarkeit von Wasser für die Bakterienzellen. Es wurden 20 ml LB-Medium mit Agar-Konzentrationen von 2, 4, 8, 12, 14 und 16 % (v/v) in Serumflaschen gefüllt und diese 15 min autoklaviert. Nachdem das Medium auf ca. 55 °C abgekühlt war, wurden 250 μl einer *P. putida*-Kultur vom Vortag (entspricht ca. 5 x 10^8 Zellen) hinzugegeben und sofort in horizontaler Lage für 2 min bei 300 U/min mit Hilfe eines Rotier-Gerätes abgekühlt. Dabei bildete sich in der Serumflasche eine gleichmäßige Schicht aus erstarrtem LB-Medium mit einer Höhe von 2-3 mm, so dass die Sauerstoff-Diffusion ins Medium keinen limitierenden Faktor mehr darstellte. Bei den Versuchen mit Agar wurde ebenfalls der Sauerstoffverbrauch per Gaschromatograph bestimmt und die Atmungsraten in Bezug zur Wasserverfügbarkeit bzw. zur relativen Feuchtigkeit gesetzt. Durch Messungen der relativen Feuchtigkeit (a_W-Wert) von verschieden gesättigten Sand- bzw. Glasperlen-Volumina ließen sich somit die Ergebnisse aus den Versuchen mit Agar-Zusatz besser mit tatsächlichen Wassersättigungen von porösen Medien vergleichen.

2.3.3 Experimente in der Durchflusszelle (DFZ) mit horizontaler Strömung

Es wurden Experimente in einer Durchflusszelle (DFZ) aus Plexiglas durchgeführt um die natürlichen Bedingungen im Boden mit einer horizontalen Grundwasser-Strömung nachstellen zu können. Dadurch konnte das bakterielle Wachstum in Langzeitexperimenten untersucht werden, was in den statischen Experimenten in der HSZ, die nach jedem Versuchszeitraum auseinander gebaut werden musste, nicht möglich war. Die DFZ wurde in der Werkstatt des IFG in Tübingen angefertigt und besteht im Grunde aus einem PVC-Rahmen und 2 UV-Licht durchlässigen Plexiglas-Scheiben (PGS) (6 mm dick). Sie wird durch 2 Aluminium-Sockel, die aus jeweils 2 zusammenschraubbaren Stangen bestehen, gehalten und fixiert, so dass sich die PGS später nicht durch die Sandfüllung wölben können (Abb. 34A). Als Sand wurde ausgeglühter Quarzsand (Ø 200-600 μm, Porosität: 0,38, $k_f \approx 1{,}4 \times 10^{-4}$ m/s, von Weisenburger GmbH, Deutschland) verwendet. Der Rahmen ist T-förmig geschnitten, so dass eine Auflagefläche für die PGS (für vorne und hinten) entsteht. Er besitzt genau wie die PGS an den Seiten und am unteren Rand alle 3 cm Lochbohrungen (Ø: 5 mm) für die Schrauben, die die PGS an den Rahmen fest andrücken. Im Inneren des „T-Rahmens" verlaufen ebenfalls Bohrungen im Abstand von 1,5 cm (Ø außen: 6 mm, Ø innen: 2 mm), durch die während des Experimentes der Zu- bzw. Ablauf fließen konnte und welche außen mit zylindrischen ¼ Zoll-Gummi-Septen abgedichtet wurden (Abb. 34B). Die Abdichtung zwischen PVC-Rahmen und PGS wurde mit Teflon-Bändern realisiert. Damit ergaben sich Innenmaße für die DFZ von: 50 cm Breite, 40 cm Höhe und 1,1 cm Innenabstand zwischen den PGS. Außerdem wurden an die Innenseite einer PGS, an zwei Positionen (x_1: 12,5 cm & x_2: 37,5 cm Abstand von den Zulaufports), 1 x 20 cm große Streifen der O_2-sensitiven Folie geklebt (Abb. 34A), um die SK über die CF-Höhe während der Experimente online messen zu können. Um zu gewährleisten, dass die O_2-Messungen immer an den gleichen Stellen geschehen, wurden an den Positionen x_1 & x_2 Lochreihen mit nicht durchgängigen Löchern (Ø: 2 mm, vertikaler Abstand: 0,5 cm) angelegt, in die man den Lichtleiter stecken konnte.

Der Zu- bzw. Ablauf wurde jeweils über eine 8-Kanal Pumpe (Gilson, Deutschland) gesteuert, an die Norprene-Schläuche (3,2 mm Innen- und 6,4 mm Außendurchmesser und einer sehr geringen Gasdurchlässigkeit von VWR International GmbH, Deutschland) angeschlossen waren (Abb. 35A). An die Norprene-Schläuche wurden über Schlauchverbinder vorne und hinten Tygon-Schläuche (0,8 mm Innen- und 2,4 mm Außendurchmesser, ebenfalls von VWR International GmbH, Deutschland) gesteckt. Die Tygon-Schläuche passten exakt auf Edelstahlkanülen (0,9 x 70 mm), welche dann später durch die Gummi-Septen der DFZ (Abb. 34B) und durch den Gummistopfen der Zulauf-Flasche (Abb. 35B) gestochen werden konnten.

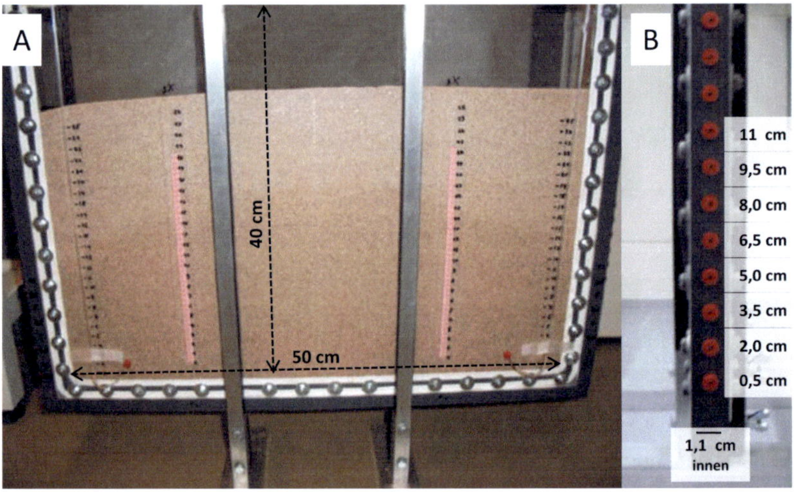

Abb. 34: A: DFZ gefüllt mit Quarzsand (Ø: 200-600 μm). Erkennbar sind die weißen Teflon-Bänder zur Abdichtung zwischen Plexiglas und PVC-Rahmen und die O_2-sensitiven Folien an Position x_1 (nach 12,5 cm)und x_2 (nach 37,5 cm). B: Seitenansicht auf den Rahmen der DFZ mit Gummi-Septen zur Abdichtung + Höhenangaben

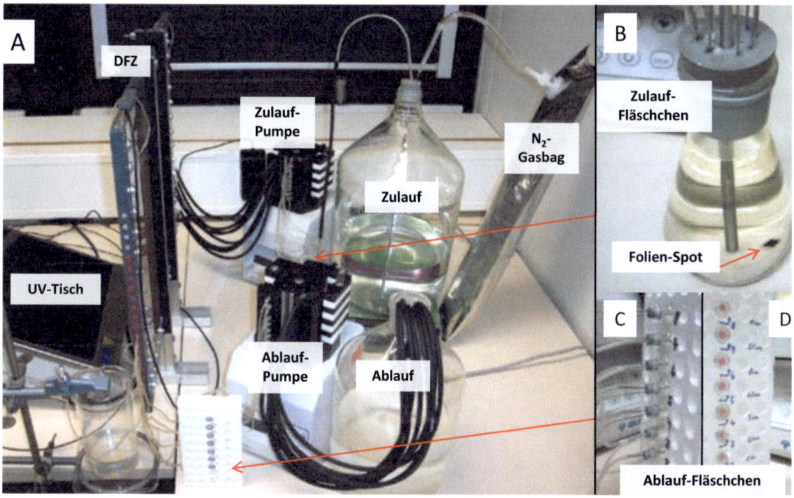

Abb. 35: Vollständiger Versuchsaufbau der Experimente mit einer DFZ (A), inkl. UV-Tisch, Pumpen und Zu-bzw. Ablauf-Behälter. Zur Messung der SK im Zulauf wurde ein Fläschchen (B) und für den Ablauf mehrere Fläschchen (C: Vorder- und D: Rückansicht) mit PreSens-Folien-Spots genutzt

Beim Ablauf wurden zwischen den Ablauf-Ports und der Pumpe sogenannte Ablauf-Fläschchen mit eingeklebter PreSens-Folie installiert (Abb. 35C&D), durch die man (genau wie beim Zulauf-Fläschchen) die SK in der Flüssigkeit direkt messen konnte. Für Versuche mit Bakterien wurde direkt nach den Ablauf-Ports außerdem noch eine Spritzenpumpe (Model 200, KD Scientific Inc., MA, USA) (Abb. 36) per T-Schlauchverbinder zwischen geschaltet, um parallel zur Ablauf-geschwindigkeit Flüssigkeitsproben für DOC-Analysen und KBE-Bestimmungen nehmen zu können.

Die Zu- bzw. Ablauf-Ports lagen auf einer Höhe von 0,5 cm und aufsteigend im Abstand von 1,5 cm. Zu Beginn eines Experimentes wurden die untersten 4 Ports (0,5; 2,0; 3,5 und 5,0 cm) genutzt und ein Wasserspiegel bei 6 cm Höhe eingestellt.

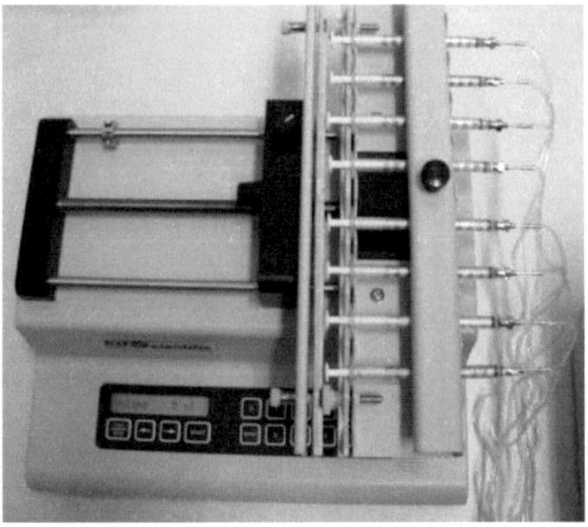

Abb. 36: Spritzenpumpe zur Entnahme von Flüssigkeitsproben parallel zur Ablaufgeschwindigkeit

Der Durchfluss Q wurde mit ca. 15 ml/h sehr gering gewählt, damit die Bakterien (gfp-markierte *E. coli*-Zellen) nicht aufgrund stärkerer Strömungseffekte ausgespült wurden. Der Wasserspiegel wurde durch das Anschließen zusätzlicher 4 Zulauf- und Ablauf-Ports (bei 6,5; 8,0; 9,5 und 11 cm Höhe) innerhalb von 30 min angehoben, in dem der Durchfluss kurzzeitig auf ein vierfaches des normalen Durchflusses erhöht wurde. Nach dem Wasserspiegel-Anstieg lag der Durchfluss dann bei ca. 31 ml/h (bei einem Wasserspiegel von ca. 11 cm). Die Wasserspiegel-Höhe konnte jederzeit anhand der 2 Piezometer-Schläuche im vorderen und im hinteren Bereich der DFZ, welche jeweils durch eine Kanüle mit dem Porenwasser verbunden waren, abgelesen werden. Um sicher zu gehen, dass sich der Wasserspiegel über einen längeren Zeitraum nicht aufgrund zu niedriger oder zu hoher Pumpraten am Ablauf verändert, war der Ablauf-Port auf 0,5 cm Höhe frei (ohne Pumpe) und das Ende des Schlauches wurde auf die Höhe des Wasserspiegel gelegt.

Die DFZ konnte von vorne durch einen UV-Tisch mit Licht der Wellenlänge 365 nm bestrahlt (Abb. 35A) und die Fluoreszenz des GFP der Bakterien durch ein Computer-Kamera-System detektiert werden. Durch das Lichtleiter-Fluorimeter von Hermes-Messtechnik konnte zusätzlich die FI spezifisch für die verschiedenen Bereiche des CF von außen gemessen werden. In Abbildung 37 ist zu sehen, welche FI bei verschieden konzentrierten Zellsuspensionen, die durch die DFZ gepumpt wurden, gemessen wurden. Dabei fällt zum einen auf, dass eine Messung von außen wegen der relativ dicken Plexiglas-Scheibe schwächere FI-Werte liefert, als eine Messung in der vorgebohrten Lochreihe und dass eine gut sichtbare Fluoreszenz (ab einem Signal von ca. 25) erst ab einer relativ hohen Zelldichte von 5×10^8 Zellen/ml Porenflüssigkeit bzw. $\approx 2 \times 10^8$ Zellen/cm³ CF Volumen auftritt. Somit müssen die Zellen im Experiment mit einem konstanten Durchfluss ein hohes Wachstum aufweisen und genügend Nährstoffe erhalten, damit eine Auswertung, bzw. Bestimmung der Zelldichte über die FI möglich ist.

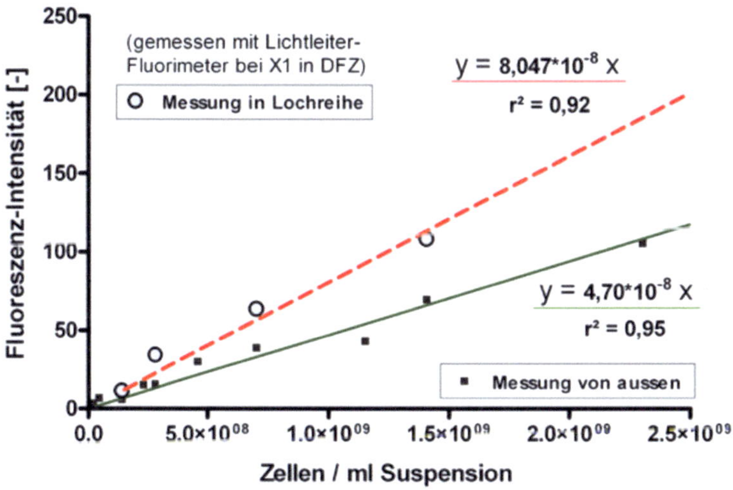

Abb. 37: Eichgeraden der FI für unterschiedliche Suspensionen von gfp-markierten *E. coli*-Zellen, welche durch eine DFZ (Quarzsand: 200-600 µm) gepumpt wurden. Messung mit einem Lichtleiter-Fluorimeter entweder von außen durch 6 mm oder in einer Lochreihe durch 2 mm Plexiglas

Mit Hilfe eines Tracer-Versuches mit Fluorescein konnte im Vorfeld die Zeitdauer für den Durchfluss eines Porenvolumens, bzw. die mittlere Abstandsgeschwindigkeit v_a bestimmt werden. Dazu wurde eine Fluorescein-Lösung (10 mg/l) mit einer Rate von ca. 40 ml/h durch die DFZ gepumpt und eine Durchbruchskurve für die zwei untersten Ports erstellt (Abb. 38).

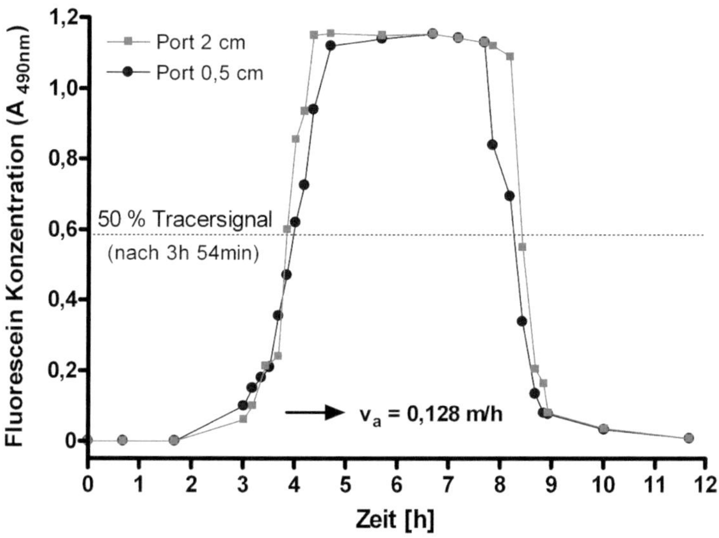

Abb. 38: Durchbruchskurven einer Fluorescein-Lösung (10 mg/l) während eines Tracer-Versuches in einer DFZ gefüllt mit Quarzsand (Ø: 200-600 μm, $k_f \approx 1{,}4 \times 10^{-4}$ m/s) mit Q = 40 ml/h

Bei einem Q von 40 ml/h wurde eine Abstandsgeschwindigkeit v_a von 0,128 m/h (= $3{,}56 \times 10^{-5}$ m/s) bestimmt. Für die Nährstofflösung im DFZ-Experiment mit Bakterien wurde eine Geschwindigkeit von ca. 0,06 m/h (= $1{,}74 \times 10^{-5}$ m/s bzw. 1,5 m/d) bei einem Q von ca. 19 ml/h gewählt. Die Nährstofflösung benötigte somit ca. 8 h bis die komplette DFZ durchflossen war. Damit war ein ausreichend großer Zeitraum für bakterielles Wachstum im CF gegeben.

Durchführung und Parameter

In der DFZ wurden 3 verschiedene Experimente durchgeführt. Zuerst wurde ein abiotischer Versuch mit autoklaviertem, entionisiertem Wasser, welches vorher durch N_2-Begasung auf eine geringe SK zwischen 1-2 mg/l gebracht wurde, durchgeführt. Dadurch sollte der Sauerstoff-Massenfluss über den CF, bzw. die Veränderung der O_2-Profile nach Wasserspiegel-Schwankungen, ohne den Einfluss von bakterieller Atmungsaktivität, gemessen werden. Danach folgten 2 Experimente mit *E. coli*-Zellen. Zum einen mit Soil Solution Equivalent (SSE) Medium (Angle et al. 1991, Tab. 4) und einem geringen Glukose-Zusatz von 0,25 g/l als einzige C-Quelle, um ähnliche Bedingungen wie im Grundwasser zu erhalten. Zum anderen mit LB-Medium, welches ausreichend Nährstoffe bietet, um bestmögliches Wachstum und eine starke Biofilmbildung zu erhalten. Beiden Lösungen wurde L(+)Arabinose (0,25 g/l) und Ampicillin (0,1 g/l) als Induktoren für die GFP-Biosynthese durch die *E. coli*-Zellen beigemischt. Die Nährstoff-Lösungen besaßen eine höhere SK von ca. 3 mg/l. Während des Versuches garantierte ein mit Aluminium beschichteter und mit N_2 gefüllter Gasbeutel den O_2-freien Gasvolumen-Ausgleich des durch die Zulauf-Pumpe verursachten Unterdruckes im 10 L-Zulauf-Reservoir (Abb. 35A).

Vor Versuchsstart wurde die DFZ jeweils für ca. 2 h mit 70 % Ethanol gefüllt, bzw. sterilisiert und die Schläuche (inkl. Kanülen) autoklaviert. Leider ließ sich ein vollkommen steriles System nicht aufrecht erhalten, da die Zelle während des Füllens mit Hitze-sterilisiertem Quarzsand (Korn-Ø: 200-600 μm) Luftkeimen ausgesetzt war. Das Füllen geschah mit einem sterilen Plastiktrichter unter gesättigten Bedingungen.

Tab. 4: Zusammensetzung des Soil Solution Equivalent (SSE)-Mediums (basierend auf Angle et al. 1991)

Substanz	Menge [mMol]	Menge [mg/l]
NH_4NO_3	2,5	200
NaCl	2,5	146
KCl	0,5	37,3
$CaSO_4 * 2\ H_2O$	4,0	689
$MgSO_4 * 7\ H_2O$	1,0	246,5
$MgCl_2 * 6\ H_2O$	1,0	203
KH_2PO_4	0,005	0,7
EDTA		6,0
$FeSO_4 * 7\ H_2O$		11

Dazu wurde kontinuierlich autoklaviertes VE-Wasser über die untersten 4 Zulaufports gepumpt und von oben der Sand eingefüllt, so dass der Abstand zwischen Sandfüllhöhe und Wasserspiegel nie mehr als 1-2 cm betrug. Dadurch entstand eine relativ homogene Sand-Schüttung, die durch Rütteln und Klopfen an den PGS zusätzlich verdichtet wurde. Nach dem Auffüllen auf ca. 30 cm Höhe konnte das Wasser, durch Einstechen einer sterilen Kanüle am Boden der DFZ, langsam drainieren und nach weiteren 24 h befand sich nur noch Haftwasser im Schüttvolumen. Daraufhin wurden die Experimente mit den 4 Zulauf-Ports gestartet und ein Wasserspiegel von 6 cm Höhe, bzw. eine Pumprate von ≈ 19 ml/h zu Beginn eingestellt. Dies führte zu einer Grundwasser-Fließ-geschwindigkeit von ca. 1,5 m/d.

Bei den Versuchen mit gfp-markierten *E. coli*-Zellen wurde vor dem Anlegen einer GW-Strömung die DFZ mit 200 ml *E. coli*-Suspension (1:10 verdünntes LB-Medium mit 2 x 10^7 Zellen/ml) durchströmt und der

Wasserspiegel auf 6 cm eingestellt, damit sich ein Bakterien-Bewuchs auf den Sandkörnern bilden konnte. Den Bakterien wurde eine Wachstumsphase von 6 Tagen (ohne GW-Strömung) eingeräumt.

Es wurden folgende biologische Parameter während des Experimentes bestimmt: Zelldichte/CF Volumen (per FI & Foto von der DFZ unter UV-Licht), DOC-Konzentration & KBE/ml im Ablauf. Nach Beenden des Experimentes wurde die DFZ geöffnet und zusätzlich die o-TS per Ausglühen der Sandproben und die Biofilmbildung per REM-Analysen für die verschiedenen CF-Höhen bestimmt. Mit Hilfe der O_2-sensitiven Folie wurden außerdem die SK im CF (an Position x_1 und x_2) und im Zu- bzw. Ablauf (Abb. 35B&D) gemessen. Die Messungen der SK geschahen jeweils 4 bzw. 8 h nach einer Veränderung der stationären Phase (also nach Anheben oder Absenken des Wasserspiegels) und danach alle 24 h. Die Veränderungen der O_2-Profile nach Wasserspiegel-Schwankungen und die SK im Ablauf wurden hinsichtlich der verschiedenen Experimente (abiotisch/biotisch) miteinander verglichen. Die Sauerstoff-Massenflüsse [mg/s] für die einzelnen Ablauf-Ports wurden per Multiplikation der einzelnen Durchflüsse Q [l/s] mit den jeweiligen SK [mg/l] berechnet. Zwischen den Wasserspiegel-Schwankungen wurden jeweils Zeiträume von 6 Tagen eingeplant, damit sich (zumindest andeutungsweise) wieder stationäre Bedingungen in der DFZ einstellen konnten.

2.3.4 Statistische Auswertung & Modellierung

Die grundlegenden Auswertungen, wie Berechnung des Mittelwertes und der Standardabweichung von Datenreihen, wurden in Microsoft Excel 2007 (Microsoft, Deutschland) durchgeführt. Die Grafiken wurden größtenteils mit dem Statistik Programm Graph Pad Prism 4.0 (GraphPad Software, CA, USA) erstellt. In Graph Pad Prism wurden alle weiteren statistischen Auswertungen, wie One-way oder Two-way ANOVA mit entsprechenden Post-tests, oder auch Korrelationen nach Pearson durchgeführt. Signifikante Unterschiede der Datensätze konnten somit ermittelt und mit Wahrscheinlichkeiten (für die Null-Hypothese) von $p < 0{,}001$; 0,01 oder 0,05 angegeben werden. Weiterhin konnten mit dieser Software verschiedene nicht-lineare Kurven-Fits, wie z. B. sigmoide Kurven mit variabler Steigung (nach dem „dose-response"-Prinzip), bzw. Exponentialfunktionen für die log-Phase von bakteriellem Wachstum und die Bestimmung von μ_{max} oder eine an 2-Seiten-annähernde Hyperbel für die Ks-Wert-Bestimmung, angewandt werden.

Eine Modellierung des Transports von Bakterien und deren mikrobielle Aktivität im CF sollte von Projektpartnern in Heidelberg, am Institut für wissenschaftliches Rechnen, am Beispiel von *E. coli* in einem Durchfluss-System durchgeführt werden. Dabei wurde ein gesplitteter Model-Ansatz verwendet, welcher Modelle für reaktiven Transport mittels „Finite-Volumen Methoden" (von LeVeque 2002, basierend auf einer Modelbeschreibung für „Finite-Differenzen" von Xu und Pruess 2001 und Helmig 1997) mit der Doppel-Monod-Kinetik (Gl. 6) koppelt. Parameter wie z. B. Wassersättigung, Diffusions-Koeffizienten, Wachstumsraten, K_S & K_O-Werte, etc. sind somit in dem Modell mit einbezogen. Ziel ist es bei einer bestimmten Fließgeschwindigkeit die Verteilung der Organismen im CF und deren Substrat-Verbrauch, bzw. dessen Auswirkung auf die Sauerstoffverteilung, zu simulieren. Diese Ergebnisse sollen letztlich mit den Erkenntnissen aus den Experimenten in der DFZ verglichen werden.

3 Ergebnisse & Diskussion

Im Folgenden werden die Ergebnisse aus den unterschiedlichen Experimenten präsentiert und diskutiert. Zuerst werden die grundlegenden Wachstumsparameter der Organismen aufgeführt und danach die Erkenntnisse aus den Versuchen mit Bakterien im Kapillarsaum dargestellt.

3.1 Wachstumsparameter der Bakterien in Flüssigkultur

Für die in den unterschiedlichen Versuchen eingesetzten Bakterien wurden Wachstumskurven unter optimalen Wachstumsbedingungen in 100 ml Schüttelkolben bestimmt, um zu sehen wie die Bakterien in den spezifisch eingesetzten Medien wachsen. In Abbildung 39 ist zu erkennen, dass die aeroben Bakterien *E. coli, P. putida* und *C. glutamicum* ähnlich gut in den jeweiligen Medien mit einer Verdopplungszeit zwischen 1,2 h und 1,3 h bei ca. 27 °C wachsen. *E. coli* bildete dabei mehr Biomasse als *P. putida*, da es offensichtlich die Nährstoffe des LB-Mediums bei der gegebenen Temperatur besser umsetzen konnte. *C. glutamicum* und *L. lactis* zeigten aufgrund der geringeren Start-Zellzahlen in den jeweiligen Ansätzen eine längere lag-Phase im Vergleich zu den anderen beiden Bakterienarten. Dabei ist zu berücksichtigen, dass für *L. lactis* als fakultativ anaerobes Milchsäurebakterium, in ungeschüttelten Erlenmeyerkolben nur sub-optimale Wachstumsbedingungen gegeben waren. Da für die aeroben Bakterien in den jeweiligen Medien ähnliche Wachstumsraten (zwischen 0,53 h^{-1} und 0,57 h^{-1}) bestimmt wurden, sollte keiner der Bakterien-Stämme bei den Experimenten im Kapillarsaum (CF) auf Grund unterschiedlicher spezifischer Wachstumsraten benachteiligt sein.

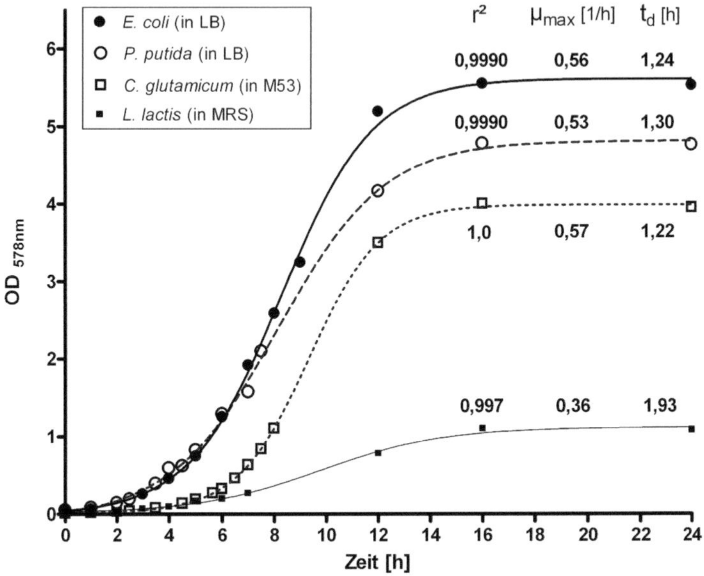

Abb. 39: Wachstumskurven von 4 verschiedenen Bakterien-Kulturen in den für sie vorgesehenen Medien (μ_{max} = maximale Wachstumsrate, t_d = Verdopplungszeit) bei 27 °C und bei 200 U/min in 100 ml Schüttelkolben (0 U/min für *L. lactis*). Kurven-Fit: Sigmoidale Kurve mit variabler Steigung

3.1.1 Monod-Parameter für den gfp-markierten *E. coli* in LB-Medium

Für die *E. coli* Kultur, welche das grün fluoreszierende Protein (GFP) synthetisieren kann, wurden die Monod-Parameter (Gl. 6) ermittelt, um das Wachstum in den verschiedenen Kapillarsaum-Höhen, explizit für die Versuche in der Durchflusszelle (DFZ), modellieren zu können. Wegen der besseren Visualisierung des Biomasse-Wachstums in der DFZ per Fluoreszenz-Emission wurden die gfp-bildenden *E. coli*-Zellen dem typischen Bodenmikroorganismus *P. putida* vorgezogen. Für die Bestimmung von K_S und μ_{max} wurden die *E. coli*-Bakterien in LB-Medium mit unterschiedlich verdünntem DOC-Anteil und gleich bleibender NaCl-

Konzentration in Schüttelkolben angezogen. Den Medien wurden als Induktoren für die gfp-Bildung jeweils 0,5 g/l Arabinose und 0,1 g/l Ampicillin zugefügt. In Kontrollversuchen wurde vorher bestimmt, dass diese Zusätze von *E. coli* nicht abgebaut und für den Stoffwechsel genutzt wurden. Es wurden aktive Zellen in 40 ml Nährlösung überführt, jede Stunde die optische Dichte (OD) gemessen und anhand der Wachstumskurven die Wachstumsrate und der K_S-Wert bestimmt. Außerdem wurde die organische Trockensubstanz am Ende des Versuches nach 24 h bestimmt, um den Zellertrag pro verbrauchter DOC-Menge ($Y_{X,DOC}$) zu berechnen.

In Abbildung 40 sind die ermittelten Wachstumsparameter aufgeführt. Es konnte eine μ_{max} von 0,54 h^{-1} unter den gegebenen Bedingungen (bei ca. 27 °C) bei unverdünntem LB-Medium (mit ca. 6,7 g DOC/l) ermittelt werden, wobei die Raten bis zu einer Verdünnung von 1:5 (ca. 1,33 g DOC/l) nur geringfügig kleiner waren (Abb. 40 B&C). Die halbmaximale Sättigungskonstante (K_S-Wert) lag zwischen 120 und 200 mg DOC/l, was einem Glukose-Äquivalent von 300-500 mg/l entsprechen würde. Dieser Wert erscheint sehr hoch im Vergleich zu den viel kleineren K_S-Werten von unter 1 mg/l die für genetisch optimierte *E. coli*-Kulturen im Chemostat bei 37 °C von Lendenmann et al. (2000) für verschiedene Zucker beschrieben wurden. Allerdings berichteten Senn et al. (1994), dass das Wachstum von *E. coli* stark von der Substrat-Zusammensetzung abhängt und unter Glukose-limitierten Bedingungen K_S-Werte für Glukose von 40 μg/l bis zu mehreren 100 mg/l auftreten können. Im LB-Medium sind keine Glukose oder andere Hexosen enthalten und *E. coli* muss stattdessen die vorhandenen Proteine und Kohlenhydrat-Bausteine nutzen. Für die Modellierung des Wachstums von *E. coli*-Zellen im CF mit LB-Medium in Experimenten bei Raumtemperatur, also bei mittelmäßigen Wachstumsbedingungen, kann durchaus ein K_S-Wert von ca.

150 mg DOC/l angenommen werden. Die Fluoreszenz-Intensität (FI) nach 24 h stieg entsprechend der Biomasse bis zu einem Wert von 303 an, was für eine Visualisierung der Zellen mittels UV-Bestrahlung von außerhalb einer DFZ optimal wäre.

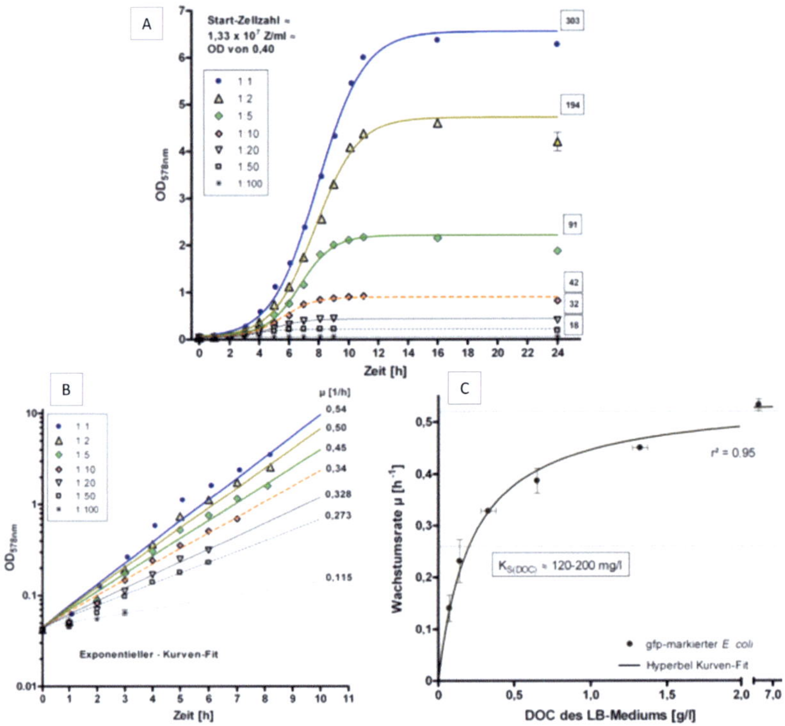

Abb. 40: Wachstumsparameter für *E. coli* in einer Schüttelkultur mit verschieden verdünntem DOC von LB-Medium (1:1 bis 1:100) bei ca. 27 °C und 200 U/min. A: Wachstumskurven für die einzelnen Verdünnungen mit Angabe der Fluoreszenz-Intensität nach 24 h (Werte in den Kästchen); B: Exponentieller Kurven-Fit der Wachstumskurven mit Angabe der Wachstumsrate µ [1/h]; C: Bestimmung des K_S-Wertes für den DOC-Gehalt von LB-Medium mittels Hyperbel Kurven-Fit

Der DOC-Verbrauch lag allerdings jeweils nur zwischen 20 und 30 %, was aber ausreichte um einen Zellertrag bei unverdünntem LB-Medium von ca. 0,95 g pro g verbrauchtem DOC und Liter nach der log-Phase (nach 12 h) zu erhalten. Damit würde sich, umgerechnet auf Glukose als Substrat, ein Y_S von 0,38 g Zellen/g Glukose ergeben. Ähnliche Zellerträge von 0,42-0,44 g Zelltrockengewicht/g Glukose wurden für eine Chemostat-Kultur von *E. coli* X90 berichtet (Yee und Blanch 1992). Die Werte für μ_{max}, K_S und Y_S wurden an die Projektpartner in Heidelberg als Wachstumsparameter für die Modellierung mikrobieller Prozesse im CF weitergegeben.

Für die Bestimmung der halbmaximalen O_2-Konzentration (K_O) wurde LB-Medium mit Gas, welches unterschiedliche Sauerstoff-Konzentrationen (SK) [%] beinhaltete, durchströmt und mit Magnetrühr-fischen zusätzlich durchmischt. Während des Experimentes wurden kontinuierlich die OD und die SK im Medium bzw. in der Gasphase gemessen. Bei 21 % O_2 in der Gasphase lösten sich 8,75 mg O_2/l im Medium. In Abbildung 41 sind die Wachstumsraten für die entsprechenden SK in der Gasphase aufgetragen und es ließ sich ein K_O-Wert von ca. 2,5 % atmosphärischem O_2 ($\approx$ 1,05 mg O_2/l im Medium) ermitteln. Es wurden etwas geringere Wachstumsraten wie in der Schüttelkultur von $\mu_{max} \approx 0{,}41\ h^{-1}$ bestimmt, was zeigte, dass die Sauerstoffzufuhr per Gasblasen-Eintrag und Rühren weniger effektiv war als im Schüttelkolben mit 200 U/min. Sierra und Renault (1995) bestimmten über die Atmungsraten von Mikroorganismen, welche auf feuchten, aggregierten Bodenpartikeln bei 20 °C wachsen konnten, mit Hilfe der Michaelis-Menten Kinetik ähnliche K_O-Werte von 1,7 – 5,8 % O_2. Da *E. coli* auch anaerob durch gemischte Säuregärung wachsen kann, wurde selbst bei 0 % O_2 eine Wachstumsrate von 0,23 h^{-1} ermittelt. Fettsäure-Analysen zeigten, dass bei einer geringen Sauerstoffversorgung bis 2 % O_2 neben Lactat auch Succinat (ca. 20 mM) und Acetat (ca. 30 mM) gebildet wurden und die Konzentrationen dieser Metabolite mit zunehmender SK bis zu 10 % O_2 stetig weniger wurden (Anhang 1). Die $Y_{X,DOC}$-Werte zeigten ebenfalls eine Abhängigkeit vom O_2-Gehalt, da erst ab ca. 4 % O_2 in der Gasphase ein ungefähr gleich bleibender Wert von 0,95 +/- 0,05 g Zelltrockengewicht/ g verbrauchtem DOC gemessen wurde (Abb. 41B). Mit geringerem O_2-Gehalt nahm der Zellertrag stark ab, was zeigt, dass die ATP-Ausbeute bei der gemischten Säuregärung, bzw. beim Vergären des DOC vom LB-Medium, deutlich geringer ist und deshalb der Zellertrag auf ca. 1/5 gesunken ist.

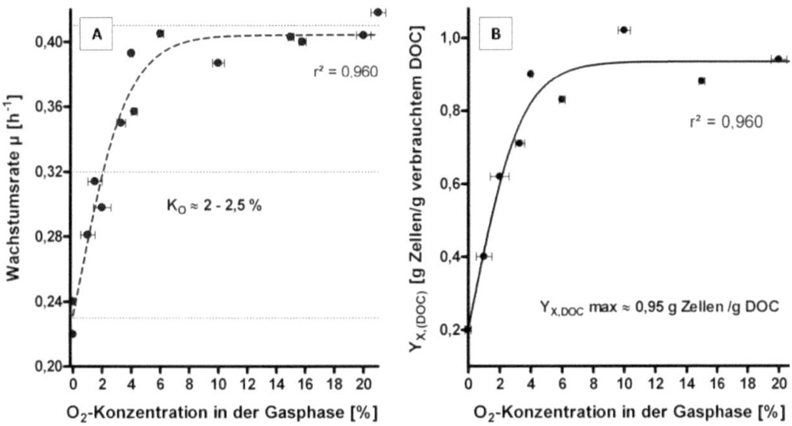

Abb. 41: A: Wachstumsraten von *E. coli* (+/- SE, n=2) in LB-Medium bei 22 °C +/- 2 °C und mit unterschiedlichen Sauerstoff-Konzentrationen. B: $Y_{X,DOC}$-Werte bei den verschiedenen O_2-Konzentrationen, Kurven-Fits: „Bottom to Top – Hyperbola“.

In Batch-Experimenten, bei denen mittels Gaschromatograph der Sauerstoffverbrauch einer *E. coli*-Schüttelkultur gemessen wurde, wurde ein Y_O von 0,34 g TG/g O_2 am Ende der log-Phase (nach ca. 10 h) ermittelt.

Umgerechnet ergibt dies ein Verbrauchs-Wert von 9,2 mmol O_2/ g TG und h. Von Andersen und von Meyenburg (1980) wurden z. B. für *E. coli* in Batch-Ansätzen mit verschiedenen Substraten Werte zwischen 10 und 25 mmol O_2/ g TG und h bestimmt. Die Werte für K_O und Y_O wurden ebenfalls an die Projektpartner in Heidelberg für die Modellierung des *E. coli*-Wachstums im CF weiter gegeben.

3.2 Mikroorganismen im Kapillarsaum

3.2.1 Verteilung von verschiedenen Bakterien und deren Wachstum im Kapillarsaum

Bei den Versuchen in der Hele-Shaw Zelle (HSZ) wurden die Bakterien zu Beginn ausschließlich per Kapillarkräfte mit dem Wasser nach oben in den CF transportiert. Beim Kontroll-Versuch mit physiologischer NaCl-Lösung und darin suspendierten *P. putida* bzw. *C. glutamicum* Zellen ergab sich allerdings bei der Verteilung der Bakterien trotzdem ein Unterschied (Abb. 42). Da die HSZ direkt nach Ausbildung des CF (Erreichen von 10 cm Höhe nach ≈ 6 h) abgebaut wurde, basierte die ermittelte Zelldichte pro CF-Volumen allein auf den physikalischen Kräften und den bio-physikalischen Oberflächeneigenschaften, sowie auf der Beweglichkeit der Bakterienzellen.

Sowohl bei *P. putida* als auch bei *C. glutamicum* nahm die prozentuale Zelldichte im Vergleich zur Start-Zellzahl pro ml mit zunehmender CF-Höhe stark ab, wobei die Abnahme der Zelldichte oberhalb der Übergangszone (in diesem Fall ab ca. 6 cm) schwächer wurde (Abb. 42). Im obersten CF-Bereich konnten zumindest noch 4,5 % der Start-Zelldichte von *P. putida*, aber von *C. glutamicum* gerade mal 0,2 %, wiedergefunden werden. Die Unter-schiede sind in einigen CF-Höhen signifikant und im „geschlossenen CF" mit größeren Wassergehalten sogar stark signifikant mit einer Wahrscheinlichkeit von > 99 %.

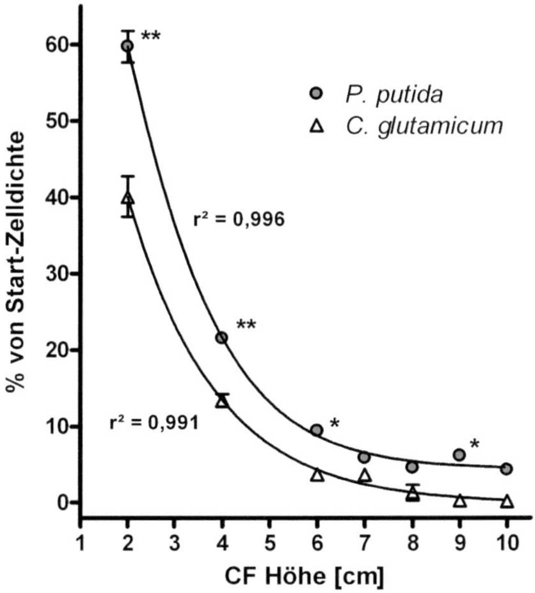

Abb. 42: Prozentuale Wiederfindung von *P. putida* oder *C. glutamicum* Zellen (n=2), suspendiert in 0,9 % NaCl, nach Aufstieg in einem CF im Quarzsand-Volumen (Ø: 355-710 μm). * = $p < 0{,}05$; ** = $p < 0{,}001$; Two-way ANOVA mit Bonferroni Post-test

Die Unterschiede können zum einen durch die Form der Bakterien (*C. glutamicum*-Zellen sind etwas dicker und bilden kleine Zellaggregate aus, siehe Abb. 18C), oder durch Bakterien-spezifische Eigenschaften wie Oberflächen-Hydrophobizität und Beweglichkeit hervorgerufen werden. *C. glutamicum* hat aufgrund der größeren Hydrophobizität der Zelloberfläche eine höhere Affinität an Luft-Wasser-Grenzschichten zu absorbieren als *P. putida* (Schäfer et al. 1998). Dies bewirkt sehr wahrscheinlich eine größere Retardation der Zellen während des Transportes entlang enger Porenräume mit Gaseinschlüssen im gesättigten

Bereich des CF und oberhalb der Übergangszone, wenn die Luft-Wasser-Grenzschichten immer zahlreicher werden. Gargiulo et al. (2008) zeigten in Versuchen mit ungesättigten Sandsäulen, dass hydrophobe Zellen mit abnehmender Wassersättigung stärker zurückgehalten werden als hydrophile Bakterien-Stämme. Außerdem waren die hydrophileren und beweglichen *P. putida*-Zellen wahrscheinlich wendiger und konnten Einschlüsse in Porenräumen und Kollisionen mit Sandpartikeln eher vermeiden. Camesano und Logan (1998) beobachteten den Transport von beweglichen *P. fluorescens* P17-Zellen durch gesättigte Sandsäulen und fanden heraus, dass sich die Retardation und die Kollisions-Ereignisse verringerten, sobald die Fließgeschwindigkeit reduziert wurde, was im oberen CF-Bereich ebenfalls auftritt. Eine erhöhte Retardation wurde hingegen bei unbeweglichen *Rhodococcus rhodochrous*-Zellen in ungesättigten Quarzsand-Säulen beschrieben, welche bei feinerem Sand sogar noch effizienter war als bei grobem Sand (Gargiulo et al. 2007). Demnach haben bewegliche Bakterien im ungesättigten Bereich des CF eindeutig einen Vorteil gegenüber unbeweglichen Bakterienarten und besonders dann wenn bei einer Versorgung mit Nährstoffen zusätzlich Chemotaxis stattfindet. Bei Experimenten mit *P. putida* und *C. glutamicum*, bei denen der CF mit steriler physiologischer Kochsalzlösung bereits 1 h vorher zu ca. 90 % seiner maximalen Höhe generiert und erst danach die HSZ in die Bakterien-Nährstoff-Suspension getaucht wurde, war der Effekt der Zell-Beweglichkeit auf die Verteilung im CF noch deutlicher zu erkennen (Abb. 43). Die Start-Zellzahl/ml war für beide Bakterienarten ähnlich hoch (5,1 – 5,9 x 10^7 Zellen/ml). Die Zellen hatten dann 3 Tage Zeit die Nährstoffe zu verbrauchen und zu wachsen. Die Dichte der beweglichen *P. putida*-Zellen pro CF-Volumen lag nach der Versuchsdauer zwischen 2-4 x 10^8 Zellen/cm³ für den gesättigten Bereich und immerhin noch bei ca. 3 x 10^7 Zellen/cm³ im obersten CF-Bereich.

Die *C. glutamicum*-Zellen erreichten in der Übergangszone die gleiche Zelldichte wie *P. putida*, aber oberhalb dieser Zone sank die Zelldichte innerhalb von wenigen cm auf Null ab. Da der CF nach 1 h noch nicht völlig ausgebildet war, reichte der übrige Aufstieg des Mediums aufgrund von Kapillarkräften, verstärkt durch den Verdunstungseffekt (Shokri et al. 2009), scheinbar aus, um einige unbewegliche Zellen in die Übergangszone zu transportieren, wo sie dann aufgrund der höheren SK zu einer hohen Zelldichte wachsen konnten. Die etwas höhere Zelldichte von *C. glutamicum* im Vergleich zu *P. putida* bei 4 cm Höhe lässt sich durch den höheren DOC-Wert des Medium 53 (≈ 4,4 g/l) im Vergleich zum 1:2 verdünnten LB-Medium (≈ 3,4 g/l) erklären. Die beweglichen *P. putida*-Zellen konnten allerdings aktiv bis in den obersten CF-Bereich gelangen, wo das Wachstum durch die mangelnde Substratversorgung (größere Verdünnung des Mediums) limitiert wurde.

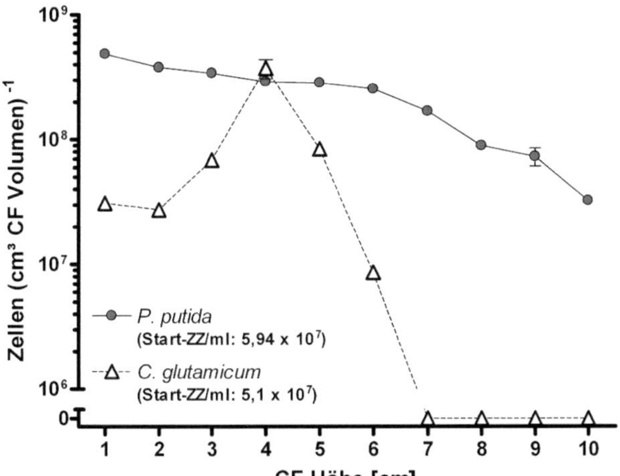

Abb. 43: Zellzahlen pro cm³ CF-Volumen (+/- SE, n = 4) von *P. putida* und *C. glutamicum* nach 3 Tagen Wachstum im Quarzsand-CF. Der CF wurde zu Beginn in 0,9 % NaCl für 1 h generiert und erst dann wurde die HSZ in die jeweilige Bakterien-Suspension eingetaucht (ZZ = Zellzahl).

Ohne eine Fließgeschwindigkeit des Wassers, sowohl in horizontaler als auch in vertikaler Richtung, hervorgerufen durch Kapillarkräfte und Verdunstungseffekte, könnten bewegliche Bakterien vermutlich nur 1 - 2 cm aus der Grundwasser-Region in den CF gelangen. Solch ein Szenario tritt aber in der Realität nicht auf, da hydrogeologische Ereignisse im Boden niemals vollkommen stagnieren.

Um das Wachstum im CF besser untersuchen zu können wurden HSZ, gefüllt mit trockenem Sand, direkt in die Bakterien-Suspensionen getaucht. Dadurch wurde gewährleistet, dass im gesamten CF ausreichend Bakterien und Nährlösung vorhanden waren. Die jeweils 1:2 verdünnten Vollmedien garantierten eine ausreichende Nährstoffversorgung der Bakterien. In Abbildung 44 ist die Präsenz verschiedener Bakterien nach einer 3-tägigen Wachstumsperiode im CF dargestellt. Es wird deutlich, dass sowohl unbewegliche als auch bewegliche Zellen durch die Kapillarkräfte bis in die Übergangszone (4-6 cm CF-Höhe) transportiert wurden und dort auch am besten zu ähnlich hohen Zelldichten heranwachsen konnten. Von den unbeweglichen *C. glutamicum*-Zellen, welche eine ungünstigere Form und eine höhere Oberflächen-Hydrophobizität als *P. putida* besitzen (siehe Abb. 18C und Abb. 20), wurden im unteren und auch im oberen Teil des CF im Vergleich zu beiden *P. putida*-Stämmen signifikant ($p < 0{,}01$) niedrigere Zelldichten bestimmt. Laut den Wachstumsparametern (Abb. 38) und der Medien-Zusammensetzung (Tab. 2) sollte *C. glutamicum* kein Nachteil bei der Zellvermehrung gegenüber *P. putida* besitzen. Ausschlaggebend für die Verteilung im CF sind also die bereits angesprochenen bio-physikalischen Eigenschaften der Bakterien wie Hydrophobizität der Zelloberfläche, Form und Beweglichkeit. Für das Wachstum im CF ist bei aeroben Bakterien die Sauerstoffverfügbarkeit, insbesondere im unteren Bereich, der wichtigste

Faktor. Im oberen Bereich des CF sind es der Wassergehalt und die Substratversorgung.

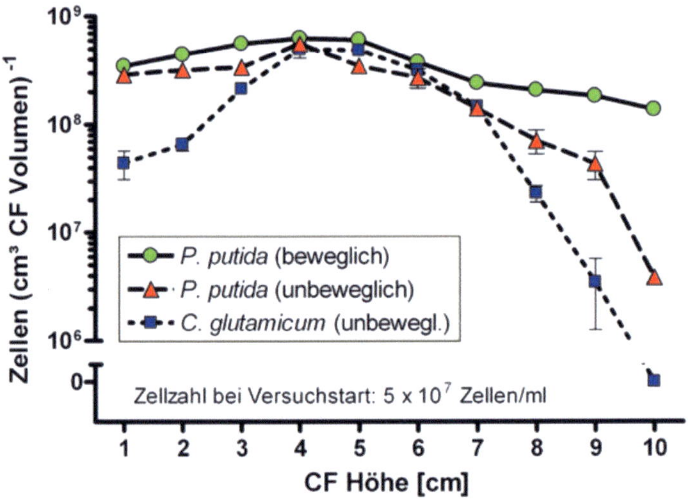

Abb. 44: Zellzahlen pro cm³ CF-Volumen (+/- SE, n = 4) von *P. putida* (beweglich & unbeweglich) und *C. glutamicum* nach 3 Tagen Wachstum im Quarzsand-CF. Die Bakterien wurden zu Beginn in 1:2 verdünntem LB-Medium bzw. Medium 53 suspendiert und per kapillaren Aufstieg in den CF transportiert.

Die gefundene Zelldichte der beweglichen P. putida-Zellen im oberen CF-Bereich zeigt allerdings, dass in diesem Bereich ausreichend Feuchtigkeit und Nährstoffe vorhanden waren um zu Zelldichten von mindesten 108 Zellen/cm³ heranwachsen zu können. Die niedrigere Zelldichte von P. putida KT2440 (unbeweglich) im oberen CF-Bereich (Abb. 44) zeigt den Einfluss der Beweglichkeit auf die Zellquantität, da alle anderen Parameter wie das Wachstum im LB-Medium oder die Oberflächen Eigenschaften der Zellen identisch mit den beweglichen P. putida-Zellen sind. Im oberen CF-Bereich treten gravitationsbedingt geringere Fließgeschwindigkeiten während der Bildung des CF auf als im unteren Teil, was einen großen Einfluss auf die Verteilung unbeweglicher Zellen haben kann. Bengtsson und Lindqvist (1995) fanden heraus, dass die Sorptionseffizienz von Bakterien an Bodenpartikel von der Fließgeschwindigkeit des Wassers abhängt. Bei niedrigen Fließgeschwindigkeiten zeigten unbewegliche Bakterien ein hohes Adsorptionsvermögen an Bodenpartikel, wohingegen bewegliche Bakterien ein Hängenbleiben an Sandkornoberflächen vermeiden konnten. Allerdings zeigten Experimente unter gesättigten Bedingungen mit Glasperlen und 3 verschiedenen *P. putida* Stämmen, dass bewegliche Zellen eine höhere Adsorptionsrate an die Glasoberfläche hatten als unbewegliche Zellen (Camper et al. 1993). Zudem können aktive Zellen aus der exponentiellen Wachstumsphase eine höhere Beweglichkeit und damit eine höhere Kollisions-Effizienz mit Partikel-Oberflächen besitzen (Smets et al. 1999). *P. putida* konnte sehr wahrscheinlich durch einen synergistischen Effekt von Beweglichkeit, Chemotaxis und dessen Adsorptionseffizienz, wie z.B. von Wang et al. (2008) für *P. putida* F1 in Sandfiltern gefunden, die vorhandenen Nährstoffe effektiver verbrauchen als *C. glutamicum*.

Weitere Faktoren, die die Verteilung von Bakterien im CF beeinflussen, sind die Rauigkeit des Materials (Klüfte und Poren an der Sandkornoberfläche) und die Größe der Partikel. Morales et al. (2009) zeigte, dass glatte Oberflächen weniger Kolloide zurückhalten als raue/zerklüftete Flächen, sowohl unter gesättigten als auch unter ungesättigten Bedingungen. Hinzu kommt, dass Bakterien zusätzlich mit den Oberflächen interagieren wohingegen Kolloide, wie zu z.B. Mikrosphären, hauptsächlich über advektive Strömung transportiert und verteilt werden (Heise und Gust 1999). Um den Einfluss vom Sandkorn-Durchmesser auf die Verteilung der Bakterien im CF zu untersuchen wurden erneut *P. putida*- oder *C. glutamicum*-Zellen in HSZ-Experimenten mit Quarzsandfraktionen von 355-710 μm Ø oder von 710-1000 μm Ø verwendet. Es wurde nach 3 Tagen die Zelldichte im

Porenwasser für die verschiedenen Wassersättigungen bestimmt (Abb. 45). Die zugehörigen Wassersättigungen wurden mit Hilfe der Formeln aus Abbildung 27 für die jeweiligen CF-Höhen der Probenahmestellen berechnet. Auch bei diesen Experimenten waren die Zellzahlen von *C. glutamicum* im nahezu gesättigten und im CF-Bereich mit einer Wassersättigung von < 45 % kleiner als die von *P. putida*. Ein signifikanter Unterschied zwischen den beiden Sandfraktionen bzgl. der Bakterien-Zellzahl ließ sich allerdings nur bei *P. putida* ab der Übergangszone (Sättigung < 70 %) beobachten. Dort waren die Zellzahlen im CF mit grobem Sand höher als im CF mit feinerem Sand.

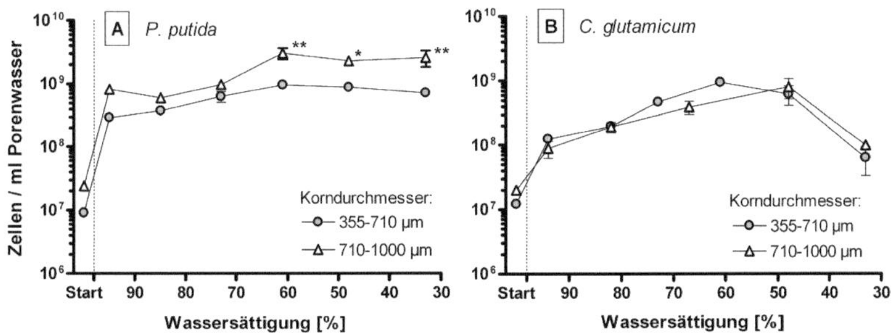

Abb. 45: Mittlere Zellzahlen / ml Porenwasser (+/- SE, n = 4) von *P. putida* (A) und *C. glutamicum* (B) bei verschiedenen Wassersättigungen im CF von Quarzsand (Ø: 0,355-0,71 mm oder 0,71-1,0 mm) nach 3 Tagen Wachstumsphase. * = p < 0,05; ** = p < 0,01; Two-Way ANOVA with Bonferroni post test

Die kleinere Sandkorn-Fraktion besitzt ein größeres Oberfläche/Volumen-Verhältnis und bietet dadurch den Biofilm-bildenden *P. putida*-Zellen mehr Anheftungsfläche. Diese Begebenheit könnte das Ergebnis beeinflusst haben, da womöglich beim feinen Sand mehr Zellen dem Abwaschvorgang, vor dem Zählen unter dem Mikroskop wiederstanden haben als beim groben Sand. Allerdings wurde in einem Durchfluss-Experiment mit Sand festgestellt, dass *E. coli*-Zellen von unterhalb des Wasserspiegel bis in den CF besser in grobem als in feinem Sand transportiert wurden (Dunn et al. 2005). In einem Tracer-Versuch fanden Berkowitz et al. (2009) heraus, dass die Abstandsgeschwindigkeit beim Übergang von einem feinen in ein grobes Medium signifikant höher war als im umgekehrten Fall. Dies deutet an, dass die Advektion bei grobem Sand höher ist als bei feinerem Sand und dadurch bewegliche Zellen im CF mit Sand der Fraktion 710-1000 μm zusätzlich einen Vorteil haben, besonders bei solch niedrigen Fließgeschwindigkeiten wie im oberen CF-Bereich.

Neben den bereits diskutierten und in Experimenten abgehandelten Faktoren spielen natürlich noch weitere Faktoren wie die Zellgröße, die Oberflächenladung oder die EPS-Produktion durch verschiedene Bakterien-Stämme eine wichtige Rolle beim Transportverhalten von Bakterien durch sandigen Boden (Bolster et al. 2009).

Um das Wachstum von anaeroben Bakterien im CF zu untersuchen wurden die Vermehrungsfaktoren der Start-Zellzahlen von *Lactococcus lactis* in MRS-Medium und von *P. putida* in LB-Medium nach 2 Tagen verglichen (Abb. 46). *L. lactis*-Zellen sind unbeweglich und bilden Zellketten (Abb. 18A), weshalb sie ähnlich wie die *C. glutamicum*-Zellen nur in sehr geringer Menge in den oberen CF-Bereich gelangen. Da sie fakultativ anaerob sind wachsen sie dort kaum, aber vermehren sich um das bis zu 300-fache im unteren CF-Bereich (1-2 cm), wo sich die Zellzahl von *P. putida* gerademal um den Faktor 25 erhöht. Dies zeigt, dass im unteren CF-Bereich (oder auch im Grundwasser (GW)) anaerobe Bakterien eher wachsen können als aerobe. *P. putida* hat zwar die Möglichkeit zur Nitrat-Atmung, aber in Versuchen mit LB-Medium und einer Zugabe von 5 bzw. 10 g/l Natriumnitrat zeigten die Zellen nur ein geringfügig höheres Wachstum bzw. eine geringfügig größere Aktivität im unteren CF-Bereich (Anhang 2).

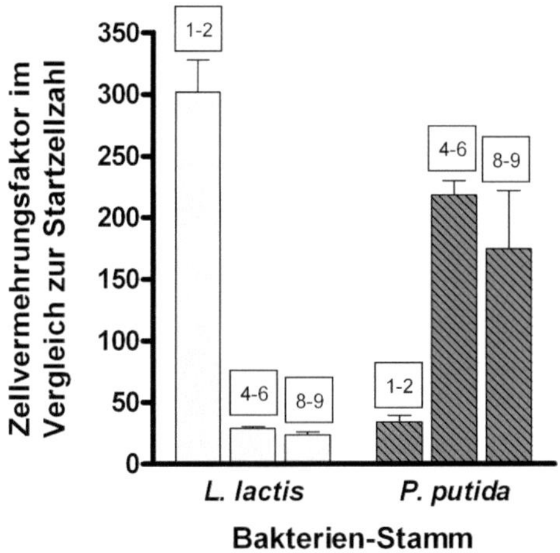

Abb. 46: Mittlere Zellvermehrungsfaktoren der Startzellzahl (+/- SE, n = 3) von *Lactococcus lactis* (8×10^6 Zellen/ml) in MRS-Medium bzw. von *P. putida* (2-3×10^7 Zellen/ml) in LB-Medium nach 2 Tagen Wachstum für verschiedene Bereiche eines CF in Quarzsand (Ø: 355-710 μm). Zahlen über den Balken geben die Probenahme-Höhen [cm] an

3.2.2 Enzymaktivität der Bakterien und Korrelation mit der Zellzahl

Um die Aktivität der Bakterien zu überprüfen wurden die geöffneten HSZ mit Fluorescein-Diacetat (FDA)-Lösung besprüht oder die Sandproben nach Zugabe des FDA in den Eppendorf-Cups inkubiert. In Abbildung 47 ist deutlich zu erkennen, dass die Bakterien in der Übergangszone des CF in Quarzsand (4-6 cm Höhe) die höchste Esterase-Aktivität aufweisen. Im unteren CF-Bereich wird kaum FDA umgesetzt und im oberen Bereich wird die Aktivität entsprechend der Zellzahl (Abb. 47B) geringer.

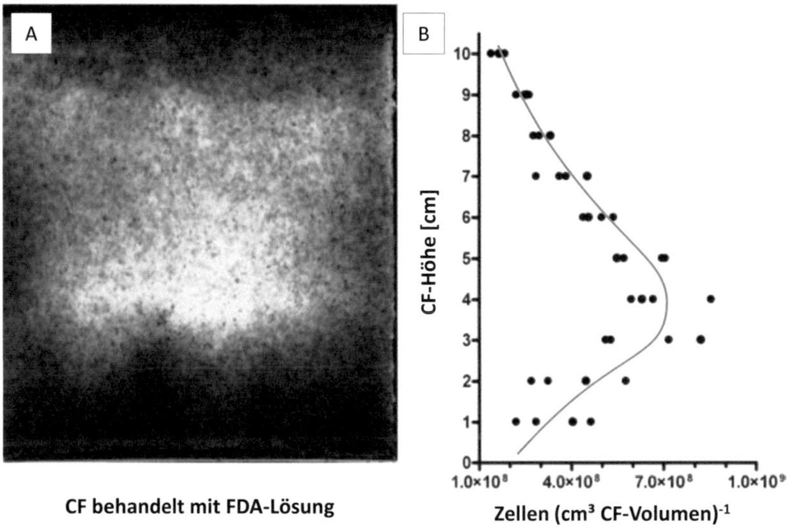

Abb. 47: A: Visualisierung von *P. putida*-Zellen im CF von Quarzsand (355-710 µm) nach 3 Tagen Wachstum in LB-Medium bei 22°C, durch Besprühen mit FDA-Lösung (Inkubationszeit: 30 min); B: Dazugehörige Zellzahl / cm^3 CF-Volumen für die verschiedenen CF-Höhen

Korreliert man die Ergebnisse aus den FDA-Umsetzungen pro Probevolumen (Abb. 29C) mit der Zellzahl so erhält man für den kompletten CF einen Pearson-Koeffizienten von p = 0,71 (Abb. 48A). Da es sich aber bei *P. putida* um einen aeroben Organismus handelt, ist es sinnvoller nur die Enzymaktivität mit der Zellzahl der Bakterien zu korrelieren, welche Sauerstoff zur Verfügung haben, also ab einer CF-Höhe von ca. 4 cm. Dann erhält man einen höheren Wert für die Korrelation nach Pearson von p = 0,91 und für die lineare Regression (r^2 = 0,83) (Abb. 48B). Diese Ergebnisse waren sowohl für die beweglichen *P. putida*, als auch für die unbeweglichen *C. glutamicum* Bakterien ähnlich signifikant (Jost et al. 2010). Die Methode der FDA-Hydrolyse wird z.B. auch zur Sensitivitäts-Abschätzung in Toxizitätstests mit

Chemikalien im Boden angewandt (Haigh und Rennie 1994) und bietet in diesem Fall einen guten Überblick über die biologische Aktivität aerober Bakterien in den verschiedenen CF-Zonen. Sánchez-Monedero et al. (2008) nutzten diese Methode z. B. als biologischen Indikator bei ariden Böden und ermittelten ebenfalls eine signifikant ($p < 0{,}01$) positive Korrelation von r = 0,8-0,9 zwischen der FDA-Hydrolyse und der mikrobiologischen Biomasse.

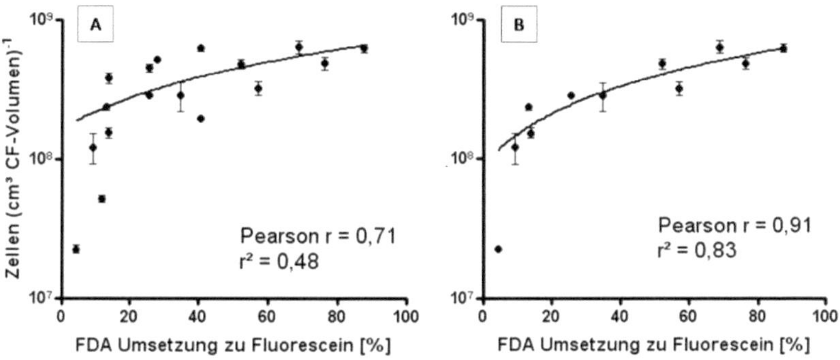

Abb. 48: Korrelationen zwischen FDA Umsetzung [%] der einzelnen Proben nach 1 h Inkubation bei 30°C und der Zellzahl pro cm^3 CF-Volumen (+/- SE, n=3). (A) für den kompletten CF und (B) ab einer CF-Höhe von 4 cm

Die Enzymaktivität von aeroben Mikroorganismen (z. B. *P. putida*) ist demnach im CF auf bestimmte Bereiche mit ausreichend verfügbarem Sauerstoff beschränkt und ist im gesättigten CF-Bereich (weitgehend anaerobe Bedingungen) kaum vorhanden.

3.2.3 Adsorption von Bakterien und Biofilmbildung im Kapillarsaum

Für die Bestimmung des Adsorptionspotentials von *P. putida*-Zellen an die Sandkörner, wurden die suspendierten Bakterien innerhalb der Sandproben aus den verschiedenen CF-Höhen mittels Filterpapier vom Sand entfernt und gezählt. In Abbildung 49 ist die Quantität der adsorbierten Zellen in % von der Gesamtzellzahl für die verschiedenen CF-Höhen nach 3 bzw. 6-tägiger Wachstumsphase aufgetragen. Im unteren CF-Bereich sind nur 5-20 % der Zellen an Sandkörner adsorbiert. Ab ca. 3 cm Höhe liegt der Anteil adsorbierter Zellen zwischen 25 und 30 %, während im oberen CF-Bereich wieder weniger adsorbierte Zellen vorhanden sind (≈ 15 %). Der Grad der Adsorption hängt auch in diesem Fall von den Wachstumsbedingungen im CF und der Wachstumszeit ab. Nach einer Wachstumszeit von 24 h im CF sind die Anteile der adsorbierten Zellen im Sandvolumen wahrscheinlich um einiges geringer, da die Zelldichten noch nicht so hoch sind. Die Ergebnisse für die Zell-Adsorption variieren nach 3 bzw. 6 Tagen Wachstum im CF allerdings nicht sehr und es kann ein gemeinsamer Mittelwert gebildet werden (Abb. 49).

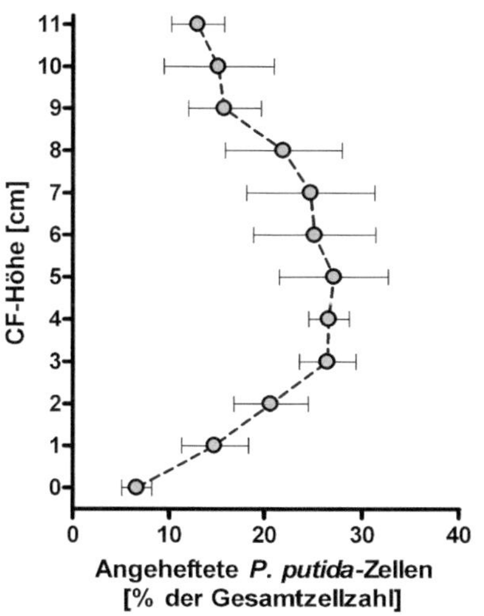

Abb. 49: Mittlerer Anteil adsorbierter *P. putida*-Zellen von der Gesamtzellzahl (+/- SE, n=4) in verschiedenen Höhen eines CF mit Quarzsand (355-710 μm) nach 3 bzw. 6 Tagen Wachstum in LB-Medium

Die 3 bzw. 6 Tage alten Sandkornproben aus dem CF mit *P. putida-* oder *C. glutamicum*-Zellen wurden außerdem mit dem Elektronenmikroskop betrachtet. Die meisten an die Sandkornoberfläche adsorbierten Zellen wurden innerhalb der Übergangszone, also in der Zone mit den besten Wachstumsbedingungen, detektiert. *P. putida* (ursprünglich beweglich) bildete nach 6 Tagen einen Biofilm im Gegensatz zu nur vereinzelt adsorbierten *C. glutamicum*-Zellen in dieser Region (Abb. 50).
Die adsorbierten *P. putida*-Zellen in einem Biofilm verloren dabei ihre Flagellen. Sie änderten ihren Metabolismus um extrazelluläre polymere Substanzen (EPS) zu produzieren, durch die sie auf der Sandoberfläche anhaften konnten. Übereinstimmend mit den oben gezeigten Daten wurde für *P. putida* von Chen et al. (2003) eine hohe kinetische Adsorptionsrate dokumentiert und bereits von Cunningham et al. (1991) ein schneller Verlauf der Biofilmbildung beschrieben. Die sehr guten Wachstumsbedingungen in der Übergangszone des CF und das ausreichende Nährstoffangebot begünstigten sicherlich die Biofilmbildung im CF. In ungestörten Ökosystemen unter oligotrophen Bedingungen würde eine solch starke Biofilmbildung wohl eher Wochen bis Monate dauern und wäre wahrscheinlich abhängig von der Fließgeschwindigkeit des Wassers und von Wasserspiegel-Schwankungen.

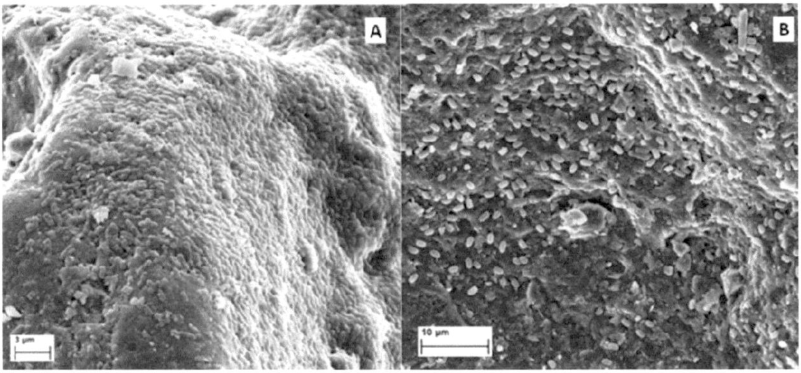

Abb. 50: REM-Foto (EHT = 10 kV) von Sandkornoberflächen. Proben wurden aus einer CF-Höhe von 6 cm nach 6 Tagen Wachstum in einer HSZ mit Quarzsand (Korn-Ø: 355-710 µm) entnommen. A: Biofilm-bildende *P. putida* Zellen; B: Einzelne *C. glutamicum* Zellen auf der Sandoberfläche

Von Liu et al. (2004) wurde zwar dokumentiert, dass eine hohe Zell-Hydrophobizität die Adhäsion an sowohl hydrophobe als auch hydrophile Anlagerungs-Oberflächen begünstigt, aber die Versuche mit *P. putida* und *C. glutamicum* in den HSZ zeigten, dass für die Biofilmbildung noch andere Faktoren nötig sind. Andrews et al. (2010) untersuchte die Biofilmbildung von *Pseudomonas* und *Rhodococcus* Stämmen und zeigte, dass die Anheftungseigenschaften der Zellen von verschiedenen extrazellulären Makromolekülen wie z. B. Lipiden bei *Rhodococcus* oder Nukleinsäuren und Proteinen bei *Pseudomonas* beeinflusst wurden. In Säulen-Experimenten mit *E. coli* O157:H7 unter wassergesättigten Bedingungen beobachteten Kim et al. (2010) eine geringere Adsorption bzw. Retention der *E. coli* Zellen nach einer Behandlung mit Proteinase K, welche die Makromoleküle spaltete. In den Versuchen aus dieser Arbeit sollten allerdings für die jeweiligen Bakterien-Stämme keine Nachteile aufgrund fehlender Makromoleküle entstanden sein. Für *P. putida*, als starken Biofilmbildner, waren die Bedingungen in der Übergangszone des

CF wohl optimal um einen Biofilm zu generieren. Zur besseren Visualisierung von adsorbierten Zellen an den Sandkörnern innerhalb des CF wurden außerdem gfp-markierte *E. coli*-Zellen in HSZ-Experimenten mit LB-Medium verwendet. Abbildung 51A zeigt solch einen CF nach 6 Tagen Wachstumszeit unter UV-Licht. Man kann eindeutig die Region zwischen 4 und 6 cm CF-Höhe als die Zone mit höchstem Wachstum identifizieren. Die Menge adsorbierter Zellen auf den Sandkörnern, welche vor dem Betrachten mit 0,9 % NaCl gespült wurden, verhält sich äquivalent zur Zelldichte pro CF-Volumen und wird mit zunehmender CF-Höhe geringer (Abb. 51B). Allerdings zeigten elektronenmikroskopische Aufnahmen, dass die *E. coli*-Zellen hauptsächlich in den tiefen Klüften und Porenräumen der Sandkornoberfläche hängen bzw. angeheftet sind, aber keinen Biofilm bilden wie *P. putida*. Eventuell sind für die Biofilmbildung durch *E. coli*-Zellen zusätzliche Nährstoffkomponenten im LB-Medium nötig und außerdem das statische Versuchssystem eher unvorteilhaft. Rijnaarts et al. (1993) nutzten verschiedene Pseudomonaden und coryneforme Bakterien in ihren Experimenten und fanden heraus, dass das Level der Deposition bzw. der Adsorptionsgrad der Zellen in dynamischen Säulen-Versuchen um bis zu 4 mal höher war, als in statischen Batch-Experimenten. Aus diesem Grund wurden Versuche mit gfp-markierten *E. coli*-Zellen in HSZ mit schwankendem Wasserspiegel durchgeführt, um die Anheftung bzw. den vertikalen Transport im CF zu beobachten.

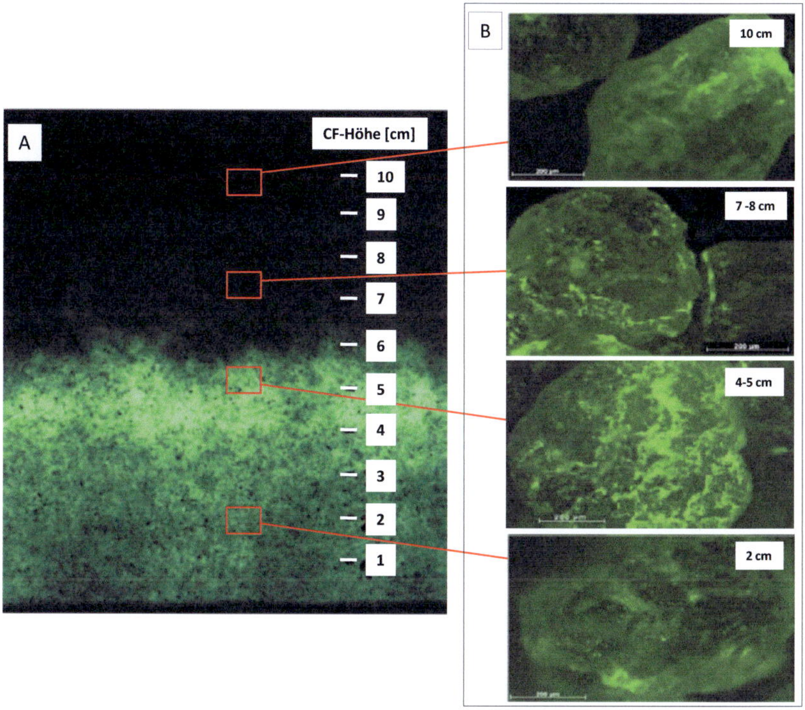

Abb. 51: A: Kapillarsaum in Quarzsand (Ø: 355-710 µm) mit gfp-markierten *E. coli*-Zellen nach 6 Tagen Wachstum in LB-Medium. Visualisierung durch UV-Licht-Bestrahlung (365 nm). B: Fluoreszenzmikroskopische Aufnahmen einzelner Sandkörner mit angehefteten *E. coli*-Zellen aus den verschiedenen CF-Höhen [cm]

3.2.4 Versuche in der HSZ mit fluktuierendem Wasserspiegel

Die Versuche mit einem fluktuierenden Wasserspiegel wurden in einer speziellen HSZ (Abb. 30) durchgeführt. Mit Hilfe der gfp-markierten *E. coli*-Zellen konnten die Veränderungen bzgl. der Zellverteilung im CF von außerhalb der HSZ verfolgt werden. Die gemessene Fluoreszenz-Intensität (FI) wurde dabei mittels Eichkurve (Abb. 32B) in eine Zelldichte (Zellen/cm³ CF-Volumen) umgerechnet. In Abbildung 52A und 53A erkennt man, dass bereits nach 48 h Wachstum in der Übergangszone (4-

6 cm CF-Höhe) die höchsten Zelldichten (ca. 6 x 10^8 Zellen/cm³) auftreten und dass die Zellverteilung in darüber liegenden CF-Zonen viel heterogener ist, bzw. die Zelldichten pro CF-Volumen mehr streuen. Nach dem WS-Anstieg um 4 cm und weiteren 2 Tagen des Wachstums mit neuer Nährlösung (1:2 verd. LB-Medium) zeigte sich, dass Viele der Zellen aus der ehemaligen Übergangszone suspendiert vorlagen und diese nun in den Bereich von 7 bis 9 cm CF-Höhe transportiert wurden (Abb. 52B & 53B). In den obersten CF-Bereich wurden allerdings durch den WS-Anstieg sehr viel weniger Zellen transportiert, so dass teilweise nur eine Zelldichte von unter 10^7 Zellen/cm³ detektiert wurde. Nach der WS-Absenkung auf 0 cm blieben trotzdem einige Zellen im Haftwasser des oberen CF-Bereichs (7-10 cm) suspendiert und die Zonen, in denen vorher die größten Zelldichten zu finden waren, sind weiterhin durch Bereiche mit hoher Zell-Präsenz (6-7 cm) oder durch „Zell-Hot-Spots" gekennzeichnet (3-4 cm) (Abb. 53C). Unterhalb von 6 cm tritt nach der WS-Absenkung eine hohe Divergenz bzgl. der Zelldichten pro CF-Volumen auf (Abb. 52C), da es Bereiche mit immobilisierten Zellen gab, aber auch Bereiche (z. B. direkt über den Zu- bzw. Ablauf-Ports) in denen nur noch sehr wenige suspendierte Zellen vorhanden waren. Nach der Wasserspiegel-Absenkung blieben im Bereich oberhalb von 11 cm fast keine Zellen hängen und die FI lag größtenteils unter der Detektionsgrenze von ca. 10^6 Zellen pro cm³ CF-Volumen (Abb 52C). Anhand dieser Ergebnisse lässt sich vermuten, dass bei einer Anhebung des Wasserspiegels viele der suspendierten Bakterien mit nach oben transportiert werden und sich eine neue „Übergangszone" (in diesem Fall zwischen 7 und 8 cm Höhe) ausbildet.

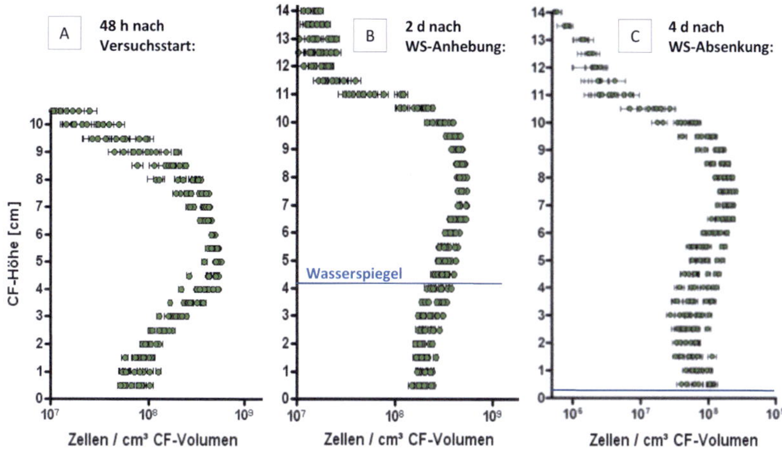

Abb. 52: Gfp-markierte *E. coli*-Zellen pro cm^3 CF-Volumen (gemessen über die FI) für verschiedene CF-Höhen in einer HSZ. A: Situation nach 48 h Wachstum, B: Situation 2 Tage nach einer WS-Anhebung um 4 cm mit 1:2 verd. LB-Medium, C: Situation 4 Tage nach einer WS-Absenkung auf 0 cm, (WS= Wasserspiegel)

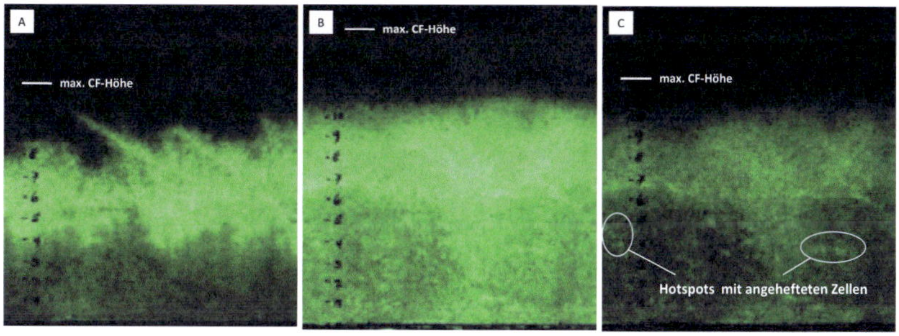

Abb. 53: Fotos von einem unter UV-Licht (365 nm) aufgenommenen CF in Quarzsand (355-710 µm) mit gfp-markierten *E. coli*-Zellen nach verschiedenen Wachstumszeiten und WS-Schwankungen. A: Situation nach 48 h Wachstum, B: Situation 2 Tage nach einer WS-Anhebung um 4 cm mit 1:2 verd. LB-Medium, C: Situation 4 Tage nach einer WS-Absenkung auf die ursprüngliche Höhe (WS= Wasserspiegel)

Nach einer Absenkung des Wasserspiegels scheint sich aufgrund des Hysterese-Effektes und von zunehmender Zellimmobilisierung die Übergangszone vergrößert zu haben, so dass im oberen CF-Bereich adsorbierte Zellen mehr Wasser zur Verfügung haben und im unteren Bereich adsorbierte Zellen (Hot-Spots, Abb. 53C) noch ausreichend Sauerstoff erhalten. Bei einem System mit kontinuierlicher Grundwasser-Strömung würde dieser Effekt allerdings stark minimiert werden, da suspendierte Zellen durch die Strömung langsam wegtransportiert würden. In einem statischen CF einer HSZ liegen schätzungsweise 80 % der *E. coli*-Zellen suspendiert im Porenwasser vor, was sich durch Zellmobilität nach dem Wasserspiegel-Anstieg zeigen ließ. Danach war die Zelldichte im gesamten CF-Bereich zwischen 6 und 11 cm stark erhöht (Abb. 53B). Durch die Nährstoffzufuhr konnten sich die *E. coli*-Zellen in der „neuen Übergangszone" (zwischen 6 und 7 cm) weiter vermehren und blieben dort sogar nach dem Wasserspiegel-Absenken zu ca. 50 % hängen. Unter oligotrophen Bedingungen mit Grundwasser-Strömung ist die Anzahl an suspendierten Bakterien, die nach oben in den CF transportiert werden könnten, wahrscheinlich sehr gering. Die sich bereits in der ungesättigten Zone des CF befindlichen Bakterien werden somit überwiegend an die Bodenpartikel adsorbiert sein und auch bei einem Anstieg des WS nicht nach oben transportiert werden können.

3.3 Atmungsaktivität aerober Bakterien im Kapillarsaum

Um den Sauerstoffverbrauch spezifisch für die einzelnen Wassersättigungen, welche im CF auftreten, ermitteln zu können, wurden Batch-Experimente mit verschieden gesättigten Quarzsand- oder Glasperlen- Volumen durchgeführt.

3.3.1 Atmungsraten von Bakterien in unterschiedlich gesättigten porösen Medien

Um die unterschiedlichen Wachstumsbedingungen in verschiedenen Zonen des CF nachzustellen, wurden Serumflaschen mit jeweils 10 g Sand oder Glasperlen, mit *P. putida* beimpft und durch Zugabe unterschiedlicher Flüssigkeitsvolumina (Tab. 3) verschiedene Sättigungen eingestellt. Damit sollte die Atmungsaktivität auf den rauen Oberflächen des Sandes mit der auf den glatten Oberflächen der Glasperlen verglichen werden. In Abbildung 54A ist zu sehen, dass der Sauerstoffverbrauch von *P. putida* nach 7 Tagen auf Quarzsand mit steigender Wassersättigung immer größer war als auf Glasperlen. Der O_2-Verbrauch war mit Sand zwischen 50 % und 85 % und mit Glasperlen zwischen 70 % und 80 % Sättigung am höchsten. Eine signifikante Verringerung des Gesamtverbrauchs von Sauerstoff ergab sich nur bei sehr niedrigen Wassersättigungen bzw. bei 100 % Sättigung mit Glasperlen (Abb. 54A). Die relativ hohe Startzellzahl von ca. 2 x 10^8 aktiver Zellen pro Serumflasche, bzw. 2 x 10^7 Zellen pro g Sand oder Glasperlen, garantierte eine kurze Lag-Phase und einen zügigen O_2-Verbrauch innerhalb der ersten 24 h. Daraus wurde eine O_2-Verbrauchsrate mit Bezug auf die zur Verfügung stehende DOC-Menge berechnet und für die einzelnen Wassersättigungen grafisch aufgetragen (Abb. 54B). Die Raten für den Sauerstoffverbrauch von *P. putida* lagen mit Glasperlen zwischen 10 und 30 μl * (h* mg DOC)$^{-1}$ und mit Sand zwischen 20 und 85 μl * (h* mg DOC)$^{-1}$, wobei die Kontrolle im Schüttelkolben mit LB-Medium ohne Sand bzw. Glasperlen (150 U/min, 27 °C) bei ca. 70 μl * (h* mg DOC)$^{-1}$ lag. Die Raten für das Wachstum von *P. putida* auf dem zerklüfteten/kantigen Quarzsand waren generell höher als für das Wachstum auf den glatten Glasperlen, die aufgrund ihrer homogenen Form viel dichter aneinander gelagert waren und somit wahrscheinlich die Sauerstoffverfügbarkeit für die Bakterienzellen in der Flüssigkeit reduzierten. Mit Quarzsand waren sowohl für den Maximalverbrauch als auch für die O_2-Verbrauchsrate die Fehler der Mittelwerte größer als bei den Versuchen mit Glasperlen, wahrscheinlich weil eine gleichmäßige Verteilung der Flüssigkeiten in den jeweiligen Quarzsandvolumina schwieriger zu gewährleisten ist. Die einzelnen Sandkörner wirken wie kleine Schwämme und in engeren Porenräumen, die wahrscheinlich mit Wasser gesättigt waren, konnten die dort vorhandenen Bakterien besser wachsen. Die hohe Divergenz der Messwerte beruht wohl auf der Heterogenität der Sandkörner, die verschieden groß sind und mal mehr und mal weniger enge Porenräume und Klüfte aufweisen, wohingegen die Glasperlen alle eine ähnlich glatte Oberfläche besitzen (Abb. 55).

Im ungesättigten Boden liegt die Flüssigkeit, abhängig von der Rauigkeit der Bodenpartikel, als Tröpfchen eingeschlossen in kleinen Poren oder gleichmäßig verteilt als dünner Wasserfilm vor (Tuller et al. 1999). Die Ergebnisse der Atmungsversuche mit *P. putida* (Abb. 54) lassen vermuten, dass die Flüssigkeit in den Experimenten mit Sand sehr heterogen und damit vorteilhaft für die Bakterien und mit Glasperlen eher homogen als dünner Wasserfilm verteilt vorlag. In den Serumflaschen mit Quarzsand konnten die Bakterien sicherlich in kleinen Nährlösungs-Reservoirs innerhalb gröberer Poren wachsen, wo die Substrat-diffusion zu den adsorbierten Zellen eines Biofilms viel effizienter war (Harms und Zehnder 1994).

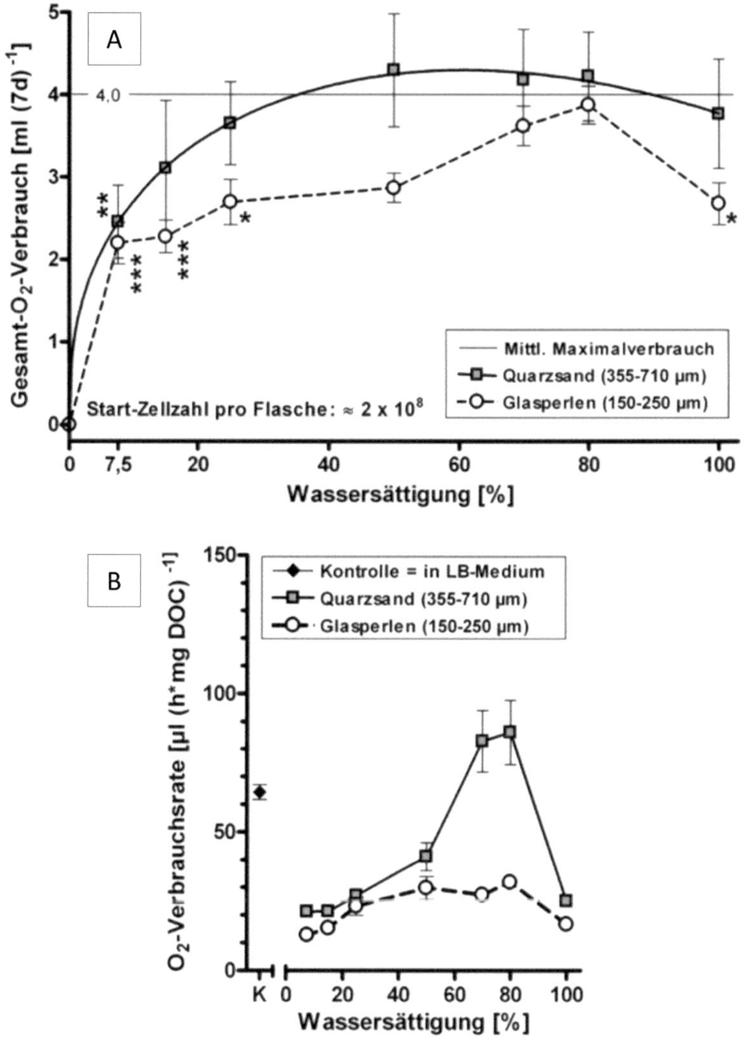

Abb. 54: A: Mittlerer Gesamt-O_2-Verbrauch (+/- SE, n=6) von *P. putida* nach 7 Tagen in 10 g Quarzsand bzw. 10 g Glasperlen bei verschiedenen Wassersättigungen und Substratlimitierung (Maximalverbrauch: 4 ml O_2). Signifikanz (Maximalverbrauch vs jeweiliger Messwert) per Two-Way ANOVA, * = $p < 0{,}05$; ** = $p < 0{,}01$; *** = $p < 0{,}001$. B: Mittlere O_2-Verbrauchsrate (+/- SE, n=2) für *P. putida* in Quarzsand und Glasperlen mit zunehmender Wassersättigung. K = Kontrolle in einer Schüttelkultur mit LB-Medium (150 U/min, 27 °C)

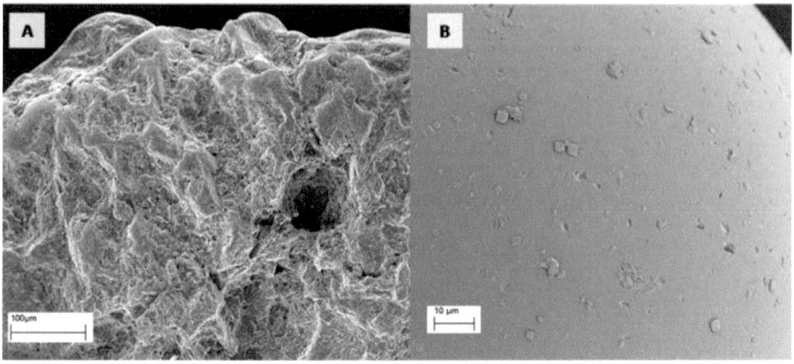

Abb. 55: Elektronenmikroskopische (REM) Aufnahme von einer Sandkorn-Oberfläche (A) und von einer Glasperlen-Oberfläche (B)

Berechnungen von Or und Tuller (1999, 2000) zeigten, dass unter feuchten, ungesättigten Bedingungen bis zu einem Matrixpotential von 2 J/kg die Filmdicke von Flüssigkeiten und der darin stattfindende diffusive Stofftransport bei rauen Oberflächen viel größer waren als bei flachen/glatten Oberflächen. In eigenen Experimenten wurde allerdings für beide Materialien ein negativer Effekt auf die Atmungsaktivität von *P. putida* bei sehr niedrigen Wassersättigungen und bei Vollsättigung (100 %) beobachtet, wobei dieser Effekt bei Glasperlen signifikant größer war (Jost et al. 2011). Um eine Sättigung von 7,5 % zu erreichen, musste aufgrund des geringen Flüssigkeitsvolumens zur Gewährleistung einer gleichmäßigen DOC-Versorgung pro Ansatz, doppelt konzentriertes LB-Medium verwendet werden. In Vorversuchen wurde festgestellt, dass eine solche Nährstoffkonzentrierung noch keinen negativen Effekt auf das Wachstum von *P. putida*, aufgrund von osmotischem Stress, hat. Der geringe Wassergehalt, bzw. der teilweise dünne Wasserfilm, sollte demnach der Hauptgrund für die sehr niedrigen Atmungsraten bei den niedrigsten Wassersättigungen gewesen sein. Ein Erreichen von Wassersättigungen < 7,5 %, zur Bestimmung des minimal nötigen Wassergehalts für bakterielle Atmung in porösen Medien mit Wasserfilmen, die wahrscheinlich immobilisierte Bakterienzellen nicht mehr komplett umschließen würden, ist leider nicht möglich gewesen. Die niedrigeren Atmungsraten von *P. putida* in den Versuchen mit Glasperlen resultieren wohl hauptsächlich durch eine niedrigere O_2- und Substrat-Diffusion zwischen den eng gepackten Perlen und in den dünnen Wasserfilmen. Die Verringerung der Anzahl lebensfähiger Zellen, durch das intensive Schütteln der Serumflaschen zum Erreichen von homogenen Wasserfilmen zu Versuchsbeginn (Abb. 33B), sollte allerdings nur einen geringen Einfluss auf die Atmungsrate genommen haben. Höhere Atmungsraten von *P. putida* in 70 – 80 % gesättigten Quarzsand-Volumina im Vergleich zur Kontrolle resultierten möglicherweise durch eine bessere Sauerstoffversorgung im porösen Medium im Gegensatz zur geschüttelten Flüssigkeit oder durch effizienteres Wachstum durch Biofilmbildung auf den Sandkorn-Oberflächen.

Die Beobachtung, dass die höchsten Atmungsaktivitäten zwischen 50 % und 80 % gesättigten porösen Medien auftreten ist kongruent mit dem konzeptionellen Modell von Skopp et al. (1990) (Abb. 9B). Bei Respirations-Studien mit Mikroorganismen in landwirtschaftlich genutzten Böden in Buenos Aires wurden die niedrigsten Atmungsraten zwischen 10 % und 30 % und die höchsten Raten bei > 60 % Wassersättigung gefunden (Aon et al. 2000).

3.3.2 Experimente zur Verringerung des bioverfügbaren Wassers

Da eine Bestimmung der minimal nötigen Wassersättigung eines Quarzsand- oder Glasperlenvolumens für bakterielles Wachstum, wegen der heterogenen Verteilung der Wassermenge in den Serumflaschen, nicht möglich war, wurde ein alternativer Versuchsansatz gewählt. Mit einer zunehmenden Agarkonzentration in LB-Medium wurde die Bioverfügbarkeit des Wassers für die Bakterien reduziert, so dass auch deren Atmungsaktivität stark eingeschränkt bis vollkommen limitiert wurde. Über eine Messung der relativen Luftfeuchtigkeit, bzw. des a_W-Wertes in der Gasphase bei den Experimenten mit Quarzsand/Glasperlen oder mit LB-Medium und Agar-Zusätzen ließ sich eine Agarkonzentration einer entsprechenden Wassersättigung des porösen Mediums zuordnen. Die Beeinflussung der bakteriellen Atmungsaktivität durch eine bestimmte Agarkonzentration im LB-Medium sollte also kongruent sein zu der Beeinflussung, welche die Bakterien bei einer Wassersättigung im porösen Material mit dem gleichen a_W-Wert erfahren würden. In den Versuchsflaschen befand sich jeweils eine dünne (2 mm) Schicht mit Agar verfestigtem LB-Medium (insgesamt 20 ml) inklusive suspendierter *P. putida*-Zellen, so dass nur eine sehr geringe Beeinträchtigung der bakteriellen Atmungsaktivität, durch verminderte Diffusion des Sauerstoffs in das Medium zu erwarten war. In Abbildung 56 ist der Einfluss der steigenden Agarkonzentration (AK) auf den Sauerstoffverbrauch von *P. putida* im LB-Medium zu sehen. Während sich die O_2-Verbrauchsrate bei einer AK von 2 % bis 8 % [w/v] nur geringfügig verringert (50 – 40 μl * (h*mg DOC)$^{-1}$), sinkt sie ab einer AK von 10 % stark ab und würde, laut Extrapolation in Abbildung 56B ab einer AK von > 18,5 % den Wert Null erreichen. Da der Agar das bioverfügbare Wasser bindet, sind die Wachstumsbedingungen im LB-Medium bei steigender AK vergleichbar mit denen bei geringer werdender Wassersättigung in einem porösen Medium, an welches das Wasser adsorbiert. Nach 24 h wurde im LB-Medium mit einer AK von 16 % gerademal 4 ml Sauerstoff verbraucht im Vergleich zu 17 ml O_2 bei der für Agarplatten gängigen AK von 2 % (Abb. 56A). Die O_2-Verbrauchsrate von *P. putida* in LB-Medium mit einer AK von 16 % war mit 10,2 μl * (h*mg DOC)$^{-1}$ nur geringfügig kleiner als bei den Experimenten mit 7,5 % gesättigtem Sand bzw. Glasperlen (Abb. 54B). Vergleicht man die a_W-Werte für die beiden Situationen (0,986 über LB-Medium mit 16 % Agar und 0,988 über Glasperlen mit 7,5 % Wassersättigung (Abb. 57)) so erscheinen die Unterschiede zwischen den Atmungsraten als logisch.

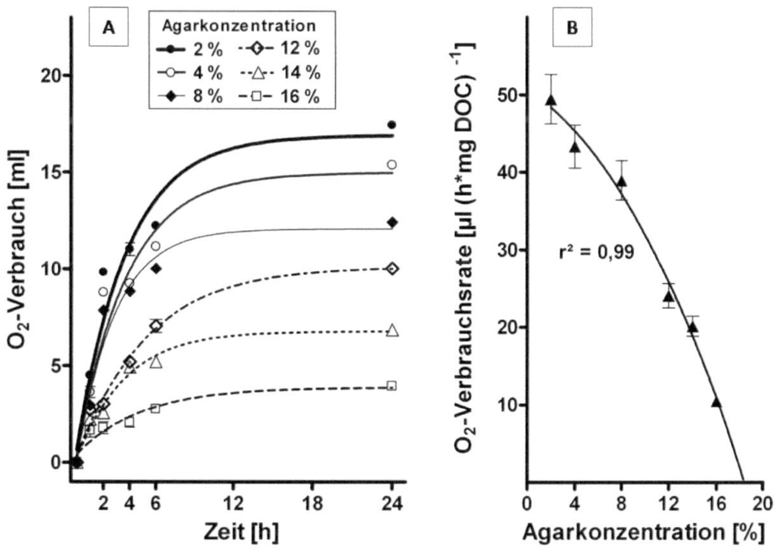

Abb. 56: A: Mittlerer O_2-Verbrauch in Abhängigkeit von der Zeit (+/- SE, n=3) durch *P. putida* (Start-Zellzahl: 1,2 x 10^7 Zellen pro Ansatz) in einer 2 mm-Schicht von LB-Medium mit unterschiedlichen Agarkonzentrationen [w/v]. Kurven-Fit: Boltzmann Sigmoidal. B: Mittlere O_2-Verbrauchsrate (+/- SE, n=3) von *P. putida* in LB-Medium mit Agar-Zusätzen (Auswertung der Kurven aus A)

Verrechnet man die Wassermenge bei einer Sättigung von 7,5 % (Tab. 3) mit der Oberfläche der Glasperlen, so würde sich bei homogener Verteilung des Wassers immerhin noch eine Wasserfilmdicke von ca. 1,5 μm ergeben. Bakterien wären dabei noch mit Wasser umschlossen.

Um dünnere Wasserfilme zu erhalten und damit Bedingungen zu schaffen wie sie in den Versuchen mit 16 % Agar und höher im LB-Medium auftraten, sollte demnach die Wassersättigung viel geringer sein als 7,5 %. In Abbildung 57 ist weiterhin zu erkennen, dass der a_W-Wert bei Wassersättigungen kleiner als 7 % für Sand- oder Glasperlenvolumina asymptotisch absinkt.
Die relative Feuchtigkeit in der Gasphase verringerte sich über LB-Medium mit Agar-Zusatz weniger schnell als über den ungesättigten Sand- oder Glasperlenvolumen. Laut Extrapolation der Kurve würde sich eine relative Luftfeuchtigkeit von < 97,7 % (entspricht einem a_W-Wert von < 0,977) ab einer AK von > 18,5 % einstellen (Abb. 57). Eine entsprechende relative Feuchtigkeit würde sich über den verwendeten porösen Medien ab einer Wassersättigung von < 5 % ergeben, bei der dann eine stark limitierte bakterielle Atmungsaktivität zu erwarten wäre. In anderen Experimenten mit Verringerung des bioverfügbaren Wassers in Agar-Nährlösung, beispielsweise auch durch Glycerol-Zusatz (Oviedo et al. 2010), wurde ein signifikanter Effekt der Wasseraktivität auf bakterielle Wachstumsraten ermittelt. Für eine nicht-limitierte Atmungsaktivität von *P. putida* sollte also die Wasseraktivität größer als 0,977 sein, was im kompletten CF der Fall ist. Eine Limitierung der bakteriellen Respiration in Böden wurde erst bei einem sehr niedrigen Wasser-Potential von – 5 MPa (ca. 96 % relative Luftfeuchtigkeit) ermittelt (Wilson und Griffin 1975), wobei die Bakterien nach Rückfeuchtungen immer wieder hohe Aktivität aufzeigten (Orchard und Cook 1983). In den Lebensmittel-Wissenschaften sind für Pseudomonaden z. B. a_W-Schwellenwerte für die mikrobiologische Aktivität von 0,95 bekannt (Hallsworth et al. 2003), wobei eine Adaption des Wachstums an niedrigere a_W-Werte generell möglich ist (Limsong und Frazier 1966). Im ungesättigten Boden bei Wassersättigungen < 5 %, sind sowieso keine größeren Mengen an

Bakterien zu erwarten, da keine bis kaum Nährstoffe vorhanden sein dürften und auch die Zell-Beweglichkeit bei niedrigen Matrixpotentialen (< -3 kPa ≈ -30 cm WS) stark limitiert ist (Dechesne et al. 2008).

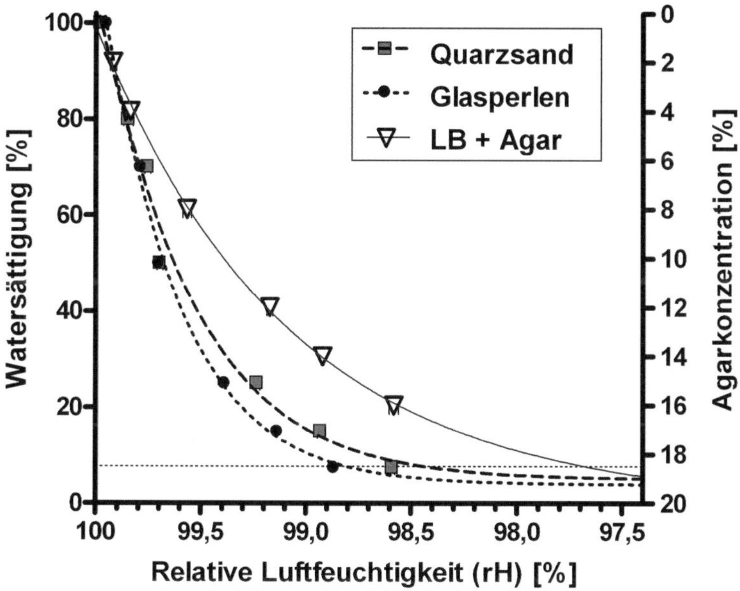

Abb. 57: Mittlere relative Luftfeuchtigkeit [%] in Serumflaschen über verschieden mit Wasser gesättigten Sand- oder Glasperlenvolumina und über LB-Medium mit verschiedenen Agarkonzentrationen bei 20°C

3.3.3 Einfluss von *P. putida* auf die Sauerstoffprofile im Kapillarsaum

In einer HSZ mit autoklaviertem Wasser und sterilem Quarzsand (Abb. 27A) wurde der Sauerstoffgehalt in den verschiedenen CF-Höhen über einen Versuchszeitraum von 7 Tagen gemessen. Danach wurde der Versuch mit einer *P. putida* Zell-Suspension (10^7 Zellen/ml) in 1:2 verdünntem LB-Medium wiederholt und die Sauerstoff-Profile miteinander verglichen (Abb. 58). Im CF mit sterilem Wasser ist nach einer Woche eine geringe Sauerstoffzehrung im unteren Bereich (0-4 cm Höhe) zu messen, wobei im oberen Bereich die ursprüngliche SK von ca. 8,9 mg O_2/l (im Gleichgewicht mit der Atmosphäre bei 21 °C, normalisiert auf 1,0) unverändert blieb. Es ließ sich nicht vermeiden, dass beim Füllen der HSZ mit Quarzsand, bzw. beim Füllen der Alu-Schale mit Wasser einige Luftkeime in das System gelangten, die nach 3 Tagen eine Abnahme der SK um ca. 12 % und nach 7 Tagen um ca. 20 % bewirkten. Durch den hohen Wassergehalt im unteren CF-Bereich konnte der Sauerstoff nicht in ausreichender Menge nachdiffundieren, da der Diffusions-Koeffizient von O_2 mit steigendem Wassergehalt geringer wird (Affek et al. 1998, Maier et al. 2007). Dieser Effekt wurde beim Experiment mit *P. putida*-Zellen in Suspension durch deren hohe Atmungsaktivität in der Übergangszone des CF offensichtlich noch verstärkt. Es ergab sich nach mehr als 3 Tagen eine sigmoide Kurve für das Sauerstoffprofil, mit 0 % O_2 im unteren und ca. 95 % O_2 im oberen Bereich (Abb. 58, ausgefüllte Punkte).

Zwischen 3 und 5 cm CF-Höhe wurde ein steiler O_2-Gradient bestimmt, der sich aufgrund eines verringerten O_2-Diffusions-Koeffizienten bei hohen Wassergehalten um 90 % Wassersättigung bei 4-5 cm CF-Höhe (Abb. 28) und dem gleichzeitig stattfindenden Sauerstoffverbrauch durch *P. putida* in dieser Zone einstellte. Projektpartner aus Tübingen fanden bei Versuchen ohne Bakterien, aber mit O_2-freiem Wasser, in einem CF mit Glasperlen (Durchmesser: 1,0-1,5 mm) ebenfalls einen steilen O_2-Gradienten 2 cm über dem Wasserspiegel, allein hervorgerufen durch die O_2-Diffusionsverringerung bei hohen Wassergehalten bzw. bei gesättigten Bedingungen (Haberer et al. 2011).

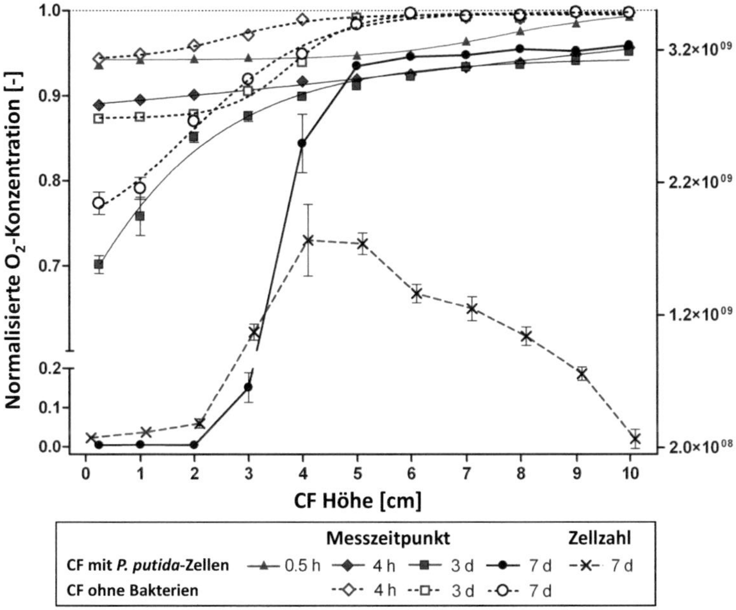

Abb. 58: Veränderung der O_2-Konzentrationen (normalisiert: 1,0 = 8,9 mg/l) mit der Zeit in verschiedenen Höhen eines mit sterilem Wasser (offene Symbole, gestrichelte Linien) oder mit *Pseudomonas putida* Zell-Suspension in LB-Medium (geschlossene Symbole, normale Linien) erzeugten CF in Quarzsand. Die Kreuze repräsentieren Werte für die Zelldichte im CF nach 7 Tagen

Durch einen hohen Sauerstoffverbrauch zwischen 4 und 5 cm CF Höhe aufgrund der höchsten Zelldichte in diesem Bereich (bis zu 1,8 x 10^9 Zellen/cm³, Abb. 58) befindet sich wahrscheinlich der Gradient des O_2-Profils in der Übergangszone des CF und nicht weiter unten im gesättigten Bereich, so wie es bei Haberer et al. (2011) der Fall war. Vermutlich bilden die atmungsaktiven Bakterien bei ausreichender Nährstoffversorgung in der Übergangszone des CF eine Art Diffusions-Barriere für den Sauerstoff, der sonst von oben bis in den nahezu gesättigten Bereich ungehindert diffundieren würde, so dass der untere CF-Bereich anaerob bleibt. Kongruent zu den bereits vorgestellten Ergebnissen war die Zelldichte im unteren CF-Bereich deshalb viel geringer als der Maximalwert in der Übergangszone und nahm aufgrund des kleiner werdenden Wassergehalts oberhalb von 6 cm Höhe kontinuierlich ab. Innerhalb der ersten 3 Tage konnte noch eine signifikante Korrelation (Pearson r = 0,68) zwischen dem Sauerstoff-Verbrauch und der in den jeweiligen CF-Höhen vorhandenen DOC-Menge bestimmt werden. Nach einer längeren Versuchsdauer war allerdings der Großteil des DOC im ungesättigten Bereich des CF verbraucht und Sauerstoff konnte von oben, aufgrund der 10^4-mal schnelleren O_2-Diffusion in Luft im Vergleich zur Diffusionsgeschwindigkeit in Wasser (Reid et al. 1987), nachdiffundieren. In der Übergangszone bestimmt letztlich die Nährstoff-Konzentration wie steil der O_2-Gradient ist und in welcher Höhe er vorkommt, da die Bakterien bei geringerer Nährstoffversorgung auch einen geringeren Sauerstoffverbrauch aufweisen, auch wenn Bakterien die an oligotrophe Bedingungen angepasst sind eine hohe Substrat-Flexibilität und Verbrauchseffizienz aufweisen können (Ishida et al. 1982, Ihssen und Egli 2005). Numerische Simulationen von biologischen Abbauprozessen in einem CF oberhalb einer Abwasser-Fahne im Boden, welche eine hohe Substratversorgung gewährleistet, haben ebenfalls zu einem sehr steilen sigmoiden O_2-Profil in der Übergangszone geführt (Cirpka et al. 1999).

In einem oligotrophen Aquifer und im darüber liegenden CF, wo mikrobiologisches Wachstum immer abhängig vom transversalen Substrattransport ist (Chu et al. 2005), lässt sich vermuten, dass der O_2-Verbrauch durch Mikroorganismen keinen so starken Einfluss auf die O_2-Diffusion haben dürfte, wie in den Experimenten in dieser Arbeit bei denen höhere Substratkonzentrationen vorlagen. Allerdings wird sich auch unter oligotrophen Bedingungen bei gelegentlich auftretenden höheren Substrat-Konzentrationen im CF durch z. B. Regenwasserinfiltration oder

Grundwasser-Kontamination, das O_2-Profil aufgrund bakterieller Aktivität relativ schnell ändern. Die Veränderung des O_2-Profils könnte dabei durch bewegliche und chemotaktische Bakterien, die hohen Substrat- und/oder Sauerstoffkonzentrationen folgen, noch beschleunigt werden (Fenchel 2002).

Bei einem fluktuierenden Wasserspiegel folgt das O_2-Profil den Schwankungen, entsprechend der sich ändernden Wassersättigung in unterschiedlicher CF-Höhe. In Experimenten mit *P. putida* in der modifizierten HSZ (Abb. 30) wurde nach 3 Tagen der Wasserspiegel von 1 cm auf 4 cm Höhe angehoben. Neben dem bereits erwähnten Transport von suspendierten Zellen in die oberen CF-Regionen änderte sich auch das O_2-Profil entsprechend (Abb. 59). Innerhalb der ersten 3 Tage konnten die *P. putida*-Zellen in der Übergangszone zu Zelldichten von bis zu 10^9 Zellen/cm^3 CF-Volumen heranwachsen (Abb. 59A) und bewirkten dadurch einen steilen Sauerstoffgradienten zwischen 4 und 5 cm Höhe (Abb. 59B). Nach dem Wasserspiegel-Anstieg änderte sich das O_2-Profil, aufgrund der Änderung der Wassersättigungen und einer veränderten Zellatmung der Bakterien, relativ schnell. Innerhalb eines Tages wurde der steile Gradient der SK in die Region zwischen 6 und 8 cm Höhe angehoben und veränderte sich die nächsten 3 Tage nicht mehr viel. Bei Versuchen ohne Bakterien kann angenommen werden, dass sich das O_2-Profil nach einem Wasserspiegel-Anstieg, langsamer verändert, da der in Gasblasen eingeschlossene Sauerstoff nicht durch Mikroorganismen verbraucht werden kann (Haberer et al. 2012). Bei einer Wasserspiegel-Absenkung konnte umgekehrt beobachtet werden, dass sich das ursprüngliche O_2-Profil in einem CF ohne Bakterien bereits nach wenigen Stunden wieder einstellte, aber der gleiche Vorgang in einem CF mit Bakterien einige Tage dauern konnte. Grund dafür können Bakterien sein, die nach der Wasserspiegel-Absenkung durch Hysterese-Effekte im oberen CF-Bereich hängen geblieben sind (Abb. 52C) und dort die Sauerstoffdiffusion nach unten in den gesättigten Bereich durch ihre abnehmende Atmungsaktivität anfangs deutlich verringerten.

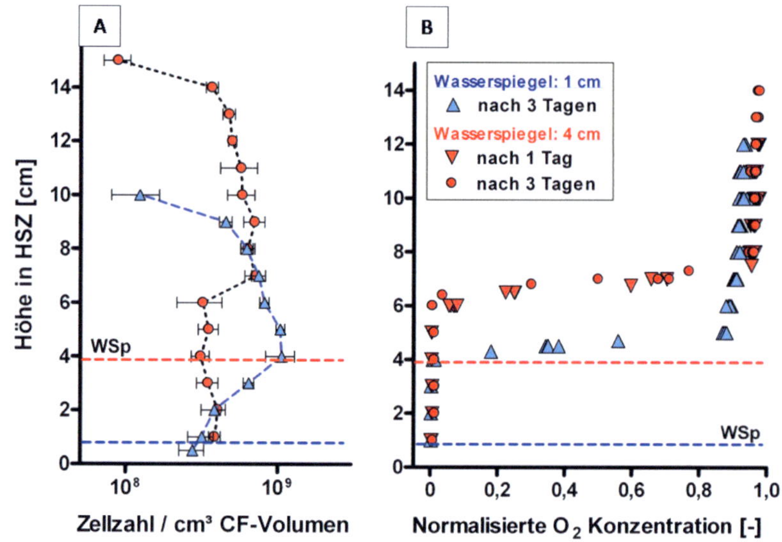

Abb. 59: A: Zelldichte von *P. putida* (+/- SE, n=3) in verschiedenen CF-Höhen in einer mit Quarzsand (Ø: 355-710 µm) gefüllten HSZ jeweils 3 Tage nach Einstellung des Wasserspiegels (WSp). Der Wasserspiegel wurde anfangs mit 1:2 verd. LB-Medium auf 1 cm eingestellt und nach 3 Tagen auf 4 cm angehoben. B: Sauerstoff-Profile (SK normalisiert: 1,0 = 20 % O_2) im CF bei verschiedenen Wasserspiegeln (Details: siehe A)

3.4 Versuche mit Mikroorganismen in einem Durchfluss-System

Mit Hilfe der DFZ konnten Versuchs-Bedingungen geschaffen werden, die den natürlichen Gegebenheiten in einem Aquifer mit konstanter GW-Strömung sehr ähnlich sind. Es sollte untersucht werden, ob sich bei stationären Strömungsbedingungen ebenfalls ein starkes Zellwachstum in der Übergangszone des CF ergibt und ob sich diese Zone womöglich nach einem Wasserspiegel-Anstieg nach oben verlagert. In der HSZ, also in einem statischen System, sind nach einem Wasserspiegel-Absinken viele suspendierte Zellen im Haftwasser des ungesättigten CF zurück geblieben, was nun bei einem durchströmten CF nicht mehr auftreten sollte. Ebenso sollte untersucht werden, wie sich die O_2-Profile nach Wasserspiegel-Schwankungen verändern und inwieweit Bakterienwachstum einen Einfluss auf diese Veränderungen hat. Desweiteren wurde der Sauerstoff-Massenfluss [mg/s] pro Ablauf-Port bei erhöhtem Wasserspiegel über die Zeit gemittelt und für die verschiedenen Versuchsansätze (abiotisch vs biotisch) miteinander verglichen.

In der DFZ wurde ein feinerer Quarzsand (Korn-Ø: 200-600 μm) als in den HSZ-Experimenten verwendet, wodurch sich bei einem Wasserspiegel von 6 cm Höhe ein CF bis zu einer Höhe von ca. 24 cm in der DFZ ausbildete (Abb. 60A). Die Sauerstoff-Konzentration (SK) pro CF-Höhe an den Positionen x_1 und x_2 wurde bis zu einer Höhe von 22 cm bestimmt. Bei einem Wasserspiegel von 6 cm Höhe, zu Beginn der Durchfluss-Experimente lag der steile Gradient des O_2-Profils bei ca. 12 cm Höhe, bei der laut Sättigungskurve eine Wassersättigung von ca. 85 % vorlag (Abb. 60B). Die Durchfluss-Geschwindigkeit v_a beträgt ca. 1,5 m/d, wodurch sich ein Zeitraum von 8-10 h für das Durchfließen eines Porenvolumens ergibt. Damit liegt die Fließgeschwindigkeit bei einem ähnlichen Wert, wie er für das GW in der Region „Mittlerer Oberrhein“ (mit 0,5 - 1,5 m/d) bekannt ist (Grundwasserdatenbank 2011).

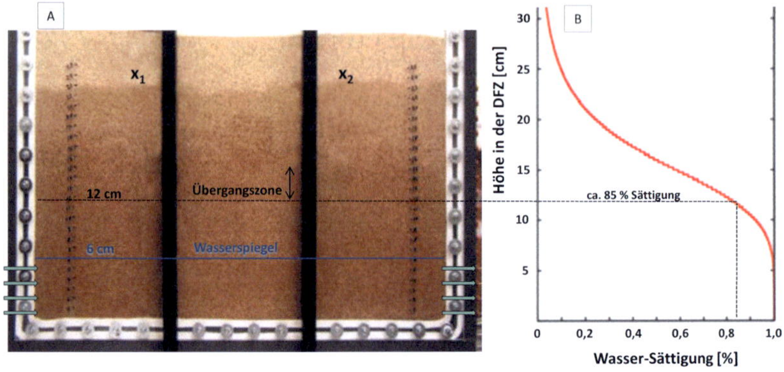

Abb. 60: Kapillarsaum in Quarzsand (Ø: 0,2-0,6 mm) in der DFZ, Wasserspiegel bei 6cm, Position x_1 bei 12,5 cm & x_2 bei 37,5 cm (A). Zugehörige Wasser-Sättigungskurve (basierend auf gravimetrisch bestimmten Messwerten) (B)

Nach einem Wasserspiegel-Anstieg innerhalb von 30 min auf 12 cm Höhe erfolgte ein langsamer Anstieg des O_2-Profils. Stationäre Bedingungen stellten sich erst nach etwa 6 Tagen mit einem steilen O_2-Gradienten zwischen 18 und 20 cm ein (Abb. 61). Dies zeigt, dass es nach einem Wasserspiegel-Anstieg eine lange Zeit in Anspruch nimmt, bis der in Gasbläschen eingeschlossene Sauerstoff, durch das kontinuierliche Vorbeiströmen von nahezu anaerobem Wasser, ausgetragen ist. Haberer et al. (2012) kam bei ihren abiotischen Experimenten in der mit Quarzsand gefüllten DFZ zu gleichen Ergebnissen. Nach einer Wasserspiegel-Absenkung hingegen kommt, durch das Auffüllen von freien Porenräumen mit Luft, wieder schneller Sauerstoff in den CF. Ein O_2-Profil, was aufgrund von Haftwasser etwas höher liegt als das ursprünglich gemessene, stellt sich bereits nach 8 h bzw. 24 h ein (Abb. 61).

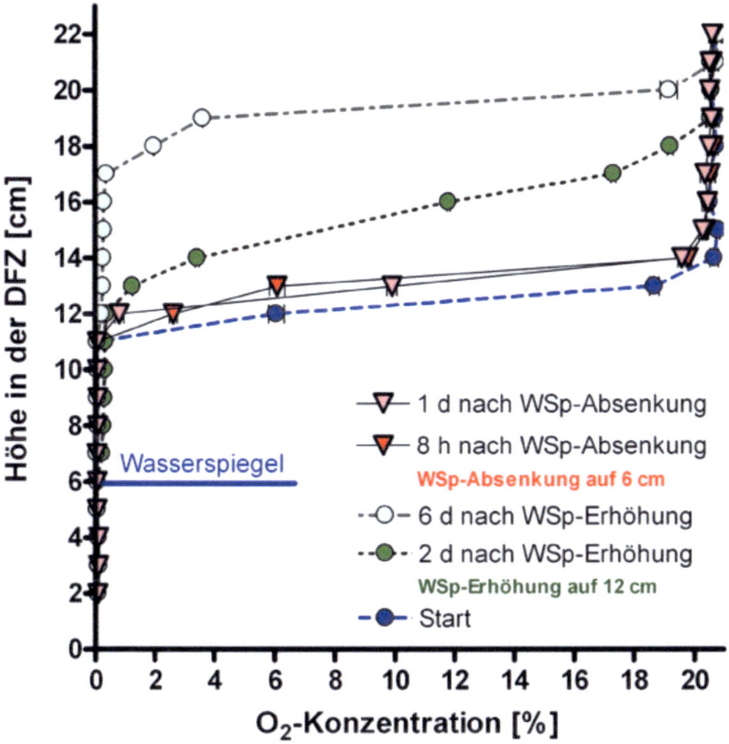

Abb. 61: Veränderung der Sauerstoffprofile, nach dem Anheben bzw. Absenken des Wasserspiegels (WSp), in einer DFZ gefüllt mit Quarzsand (Korn-Ø: 200-600 µm). Die DFZ wurde ohne Bakterien-Zugabe mit anaerobem VE-Wasser durchströmt ($v_a \approx 1{,}5$ m/d). Der Wasserspiegel wurde innerhalb von ca. 30 min angehoben bzw. abgesenkt

Bei den Versuchen mit *E. coli* wurde die DFZ zuerst mit 200 ml Zellsuspension im 1:2 verdünnten LB-Medium mit 5 x 10^7 Zellen/ml bei einem Wasserspiegel von 6 cm Höhe durchströmt und eine Wachstumszeit von 6 Tagen abgewartet, damit sich die Zellen ausreichend vermehren und an die Sandkörner anheften konnten. Dabei bildeten sich in der gesättigten Zone zahlreiche „Hot-Spots", also punktuell auftretende Bereiche (Ø: ca. 1 mm) mit hoher Zelldichte und in der Übergangszone (zwischen 14 und

16 cm Höhe) innerhalb der ersten ca. 20 cm Fließstrecke ein flächiger Bewuchs (Abb. 62).

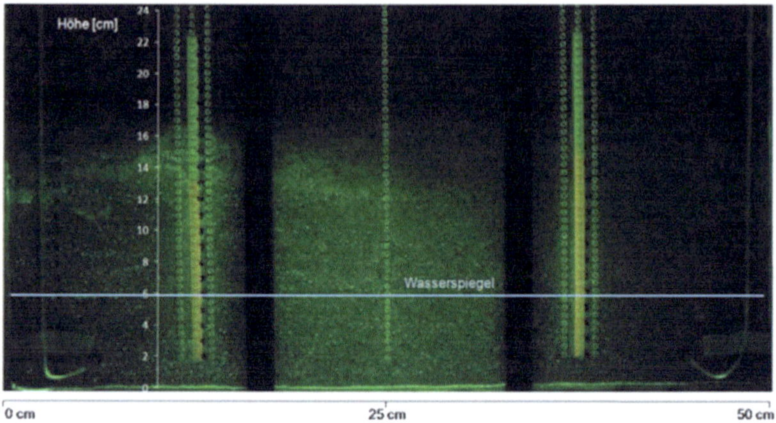

Abb. 62: DFZ mit gfp-markiertem *E. coli* nach 6 Tagen Wachstumszeit in 1:2 verdünntem LB-Medium bei einem Wasserspiegel von 6 cm Höhe unter Bestrahlung mit UV-Licht (365 nm)

In der Übergangszone (ÜZ) konnten einige Zellen (ca. 20-30 % der Gesamt-zellzahl) an die Sandkorn-Oberflächen adsorbieren und wurden nach dem Starten der GW-Strömung nicht ausgewaschen. Der Anteil an suspendierten Zellen an der Gesamtzellzahl war im gesättigten Bereich sehr hoch, weshalb nach 3 Tagen mit GW-Strömung dort fast alle *E. coli*-Zellen durch die Strömung ausgewaschen wurden. Die „Zell-Hot-Spots“ verschwanden ebenfalls nach und nach. Dieser Effekt war bei dem Experiment mit SSE-Medium und 0,25 g/l Glukose besonders groß, da *E. coli* in diesem Medium nicht sehr gut wachsen konnte (maximale OD von 0,5 im Schüttelkolben bei 2 g/l Glukose im SSE-Medium im Vergleich zu OD > 5,0 mit LB-Medium) und dadurch selbst bei einer relativ langsamen Fließgeschwindigkeit der Zellaustrag höher war als das Zellwachstum. Wachstum hat aber stattgefunden, da über den Versuchszeitraum im Ablauf ca. 3×10^7 KBE/ml gefunden wurden und der DOC-Verbrauch aus dem Medium zwischen 25 % und 30 % lag. Einen Einfluss auf die O_2-Profile hatte das Wachstum von *E. coli* allerdings nur nach der Wasserspiegel-Absenkung, da sich danach das ursprüngliche Profil nicht so schnell wieder einstellte wie im abiotischen Versuch, wo bereits nach wenigen Stunden der Ausgangszustand wieder erreicht wurde (Abb. 61).

Das Experiment mit LB-Medium war bzgl. des Wachstums von *E. coli* weitaus erfolgreicher. Zwar lag der DOC-Verbrauch ebenfalls nur bei 20-30 % wie in der Schüttelkultur aber im Ablauf konnten bis zu 10^8 KBE/ml gefunden werden und es wurde ein geringerer Anteil Zellen von der Gesamtpopulation ausgewaschen. Dies zeigen die Fotos der DFZ, die nach 3 Tagen konstanter Strömung aufgenommen wurden (Abb. 63A). Durch das „Animpfen" des Porenvolumens mit einer *E. coli*-Suspension von der Zulauf-Seite der DFZ, sind im Zulaufbereich bis 20 cm Fließstrecke mehr Zellen in den Porenräumen „hängen geblieben" (Abb. 62), weshalb dort auch eine höhere Zelldichte nach mehrtägigem Wachstum zu finden war. Der gleiche Effekt wurde z. B. auch in Sand-Biofiltern gefunden, wo 70 % der injizierten *E. coli*-Zellen im ersten Fünftel des Filters hängen blieben (Li et al. 2006). Bradford et al. (2002) legten für Sand fest, dass eine Filtration erst auftritt wenn der Partikel- oder Zelldurchmesser mehr als das 5 x 10^{-3} fache vom mittleren Durchmesser der Sandkörner beträgt. Bei den eigenen Experimenten in der DFZ mit Quarzsand sollte also keine Filtration aufgetreten sein, da der Durchmesser der *E. coli*-Zellen mit ca. 1,5 μm in etwa dem 3,7 x 10^{-3} Fachen des mittleren Durchmessers der Sandkorner ($\approx$ 400 μm) entspricht. Diese Vermutung kann durch die hohe KBE/ml im Ablauf von bis zu 10^8 bekräftigt werden.

Die O_2-Profile liegen ca. 2 cm höher als im abiotischen Versuch (anaerobe Bedingungen bis 14 cm Höhe) und der Gradient im Profil an der Meßstelle x_1 ist weniger steil, als an der Meßstelle x_2 (Abb. 63A). Diese Effekte treten durch den Sauerstoffverbrauch durch die Bakterien auf. Die größtenteils immobilisierten *E. coli*-Zellen an Position x_1 wurden durch die GW-Strömung nicht losgelöst und weiter transportiert und verbrauchten sehr wahrscheinlich dort auch den Großteil der Nährstoffe aus dem neu zuströmenden LB-Medium. Das Medium benötigte unter den gegebenen Bedingungen ca. 4 h bis zur Mitte der DFZ. In dieser Zeit konnten die Bakterien in der Übergangszone gut wachsen und die Sauerstoff-Konzentration im CF zwischen 14 und 16 cm verringern, was im O_2-Profil bei x_1 sehr deutlich wird (Abb. 63A). Nach einem Wasserspiegel-Anstieg auf 12 cm wurden allerdings nur wenige Zellen mit nach oben transportiert und die O_2-Profile änderten sich wieder sehr langsam. Bei Position x_1 konnte zwar eine geringfügig schnellere Verringerung der Sauerstoff-Konzentration zwischen 15 und 18 cm Höhe festgestellt werden, aber stationäre Bedingungen stellten sich erst nach mehr als 6 Tagen ein. Innerhalb dieser Zeit konnte auch kein erhöhtes Zell-Wachstum in der Übergangszone und darüber festgestellt werden. Nach der Wasserspiegel-Absenkung allerdings konnten die Zellen in der Übergangszone wieder mit Sauerstoff versorgt werden, wobei auch in diesem Experiment mit *E. coli* das Einstellen der ursprünglichen O_2-Profile bei einem Wasserspiegel von 6 cm Höhe (Abb. 63B) etwas länger dauerte (ca. 4 - 6 h), als im abiotischen Experiment. Die Versorgung mit Sauerstoff nach der Wasserspiegel-Senkung und die vorhergehende Versorgung mit Nährstoffen durch den Wasserspiegel-Anstieg bewirkte erwartungsgemäß ein starkes Zell-Wachstum in der Übergangszone. Es erhöhte sich nicht nur die Zelldichte, gemessen an der Zunahme der Fluoreszenz-Intensität (FI), innerhalb der bereits stark bewachsenen Zone an Position x_1, sondern auch einige cm vor x_1 und danach (Abb. 63B, hervorgehobene Bereiche). Anhand der mit dem Lichtleiter gemessenen FI von bis zu 100 +/- 20 kann für die Übergangszone von einer Zelldichte von ca. 2,5 x 10^9 Zellen/ml Porenflüssigkeit, ermittelt mit der Eichgerade in Abbildung 37, ausgegangen werden. Bei einer Porosität des Sandes von 0,38 und einer Wassersättigung von ca. 60 % würde sich daraus eine Zelldichte von ca. 6 x 10^8 Zellen/cm³ CF-Volumen ergeben.

Eine Verlagerung der „Zone mit höchstem Bakterien-Wachstum" nach oben durch einen Wasserspiegel-Anstieg konnte, wohl auch aufgrund von Nährstofflimitierung, nicht beobachtet werden. Stattdessen hat aber ein großer Wachstumsschub der *E. coli*-Zellen in der Übergangszone nach einem Wasserspiegel-Absenken stattgefunden. Dies deutet auf eine Sauerstofflimitierung des Wachstums in der Übergangszone bei aufsteigendem Wasserspiegel hin. Dobson et al. (2007), der ebenfalls Experimente in einem Durchfluss-System zur Untersuchung der biologischen Abbaubarkeit von „Light non-aqueous phase liquids" (LNAPLs) durchführte, fand eine um 70 % erhöhte biologische Aktivität nach einer Wasserspiegel-Fluktuation. Ähnliche Ergebnisse traten bei Experimenten mit Sandsäulen auf (Rainwater et al. 1993, Sinke et al. 1998). NAPLs verhalten sich zwar anders im porösen Medium als gelöste Substrate des LB-Mediums, aber eine Erhöhung der Konzentration dieser Substrate in der Übergangszone durch den Wasserspiegel-Anstieg und ein Erhalten dieser Konzentration durch den Hysterese-Effekt nach der Wasserspiegel-Absenkung (Lenhard 1992) fand wahrscheinlich auch in den DFZ-Experimenten statt.

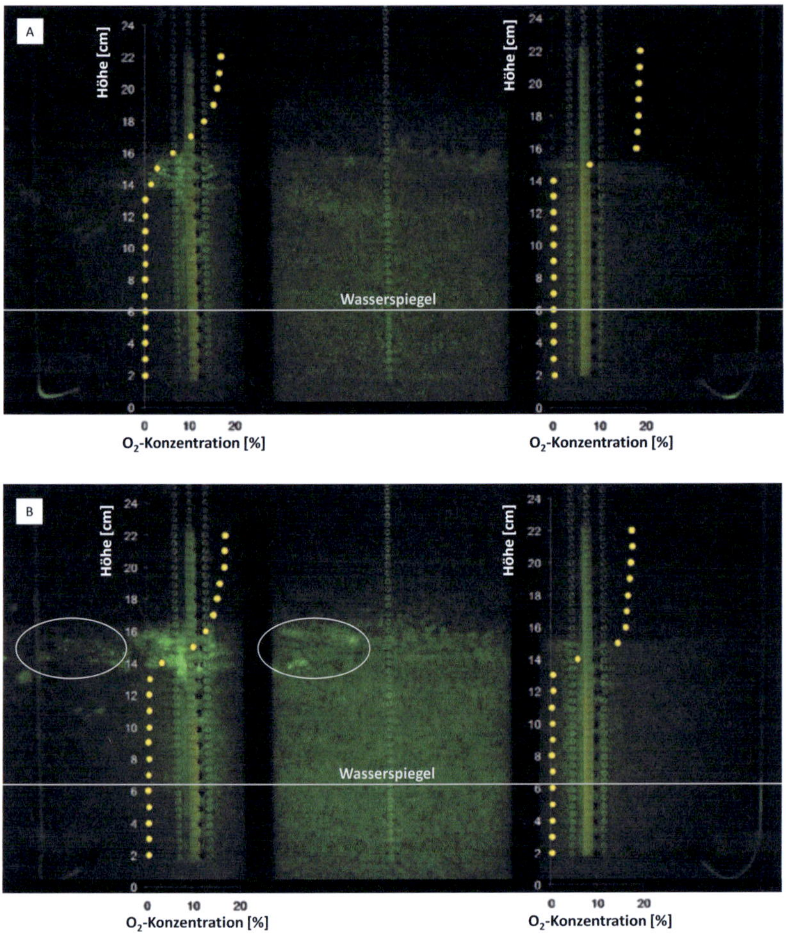

Abb. 63: DFZ bei Bestrahlung mit UV-Licht (365 nm). Die DFZ wurde mit Quarzsand (Korn-Ø: 0,2-0,6 mm) gefüllt und mit LB-Medium, das mit gfp-markierten *E. coli* beimpft war, durchströmt (Wasserspiegel = 6 cm, v_a = 1,5 m/d). Eingeblendet sind jeweils die O_2-Profile an Position x_1 und x_2 (12,5 cm respektive 37,5 cm nach dem Zulauf). A: Situation 3 Tage nach Start der GW-Strömung, B: Situation nach Wasserspiegel-Anstieg auf 12 cm für 6 Tage und 1,5 Tage nach anschließendem Wasserspiegel-Absenken (Zonen mit stärkerem Zell-Wachstum sind weiß umrahmt)

Durch die Erhöhung der Verfügbarkeit von Sauerstoff als Elektronenakzeptor nach dem Wasserspiegel-Absenken waren für die Bakterien wieder alle Bedingungen für optimales Wachstum erfüllt. Williams und Oostrom (2000) fanden in abiotischen Experimenten heraus, dass durch zyklisch auftretende Wasserspiegel-Schwankungen ein hoher Einschluss von Luftblasen im gesättigten Bereich und dadurch sogar ein Sauerstoffeintrag in anaerobes GW eines Labor-Aquifers auftrat. Ein solcher Effekt des erhöhten Bakterienwachstums konnte allerdings im eigenen Versuch bei Position x_2 nicht gefunden werden. Wahrscheinlich wurde durch das starke Wachstum der *E. coli*-Zellen und die Biofilmbildung im vorderen Bereich der DFZ ein Großteil der Nährstoffe aufgebraucht und es waren nur wenige suspendierte Zellen und wenig Substrat für den Transport mit der GW-Strömung übrig geblieben. Morales et al. (2007) fand bei Säulen-Experimenten mit *Pseudomonas aeruginosa*, dass der Kolloid-Transport durch das poröse Medium aufgrund von Biofilmbildung stark eingeschränkt wurde und die Retention von Ca^{2+} Ionen mit der Zeit immer größer wurde. Zusätzlich sind neu gebildete Zellen in der Übergangszone wahrscheinlich im CF gar nicht in großem Maße weiter transportiert worden, da dort eine geringere horizontale Strömung als in der GW-Zone vorlag. Jewett et al. (1999) fand z. B. bei Versuchen mit *P. fluorescens* heraus, dass die Retardation der Zellen, während dem Durchströmen einer ungesättigten Sandsäule, mit sinkender Wassersättigung zunimmt. Es wurde dabei eine Retardation von 95 % bei einer Wassersättigung von 46 %, was dem oberen CF-Bereich entsprechen würde, bestimmt. Die beschriebene Situation, mit wenigen suspendierten und vielen adsorbierten, bzw. im Biofilm immobilisierten Zellen pro Volumen, entspricht wahrscheinlich eher den natürlichen Bedingungen im Boden. Der anfänglich hohe Anteil an suspendierten

Zellen in der DFZ oder auch in der HSZ ergab sich demnach nur aufgrund einer fehlenden Wasserströmung.

Nach dem Experiment in der DFZ wurden Sandproben aus den verschiedenen CF-Höhen entnommen. Mit Hilfe des Elektronenmikroskops wurden bereits auf den Sandkörnern aus der gesättigten Zone adsorbierte Zellen und eine starke Biofilmbildung auf Sandkörnern aus der Übergangszone an Position x_1 bei 14 cm Höhe gefunden (Abb. 64). Ab einer Höhe von 16 cm nahm der Anteil biofilmbildender Zellen ab und es wurde auch kein geschlossener Biofilm mehr auf den Sandkörnern entdeckt.

Bei Position x_2 konnten ebenfalls immobilisierte Zellen, sowie Biofilm-Strukturen in der Übergangszone, gefunden werden, aber die Häufigkeit der Zell-Agglomerate war nicht so hoch wie bei x_1. Die Ergebnisse für die o-TS Bestimmung zeigten ebenfalls, dass mit ca. 1 mg o-TS/g Sand die höchste Biomasseakkumulation bei 15 cm Höhe in der DFZ stattfand. Im gesättigten Bereich bei Position x_1 wurden o-TS-Werte zwischen 0,2 und 0,5 mg/g Sand bestimmt. Diese Ergebnisse bestätigten die REM-Aufnahmen. Durch den Aufbrauch der Nährstoffe in der vorderen Hälfte der DFZ hatten die sich bei Position x_2 befindlichen Zellen keine Möglichkeit ähnlich hohe Zelldichten zu erreichen wie sie bei x_1 auftraten. Hinzukommt die verringerte Permeabilität eines Aquifers mit porösem Material bei Akkumulation der Biomasse und Bildung eines Biofilms innerhalb der Poren-Räume (Kim und Fogler 2000), also „biological clogging“. Dieser Effekt tritt aber im CF nur bei ausreichend hoher und lange andauernder Nährstoffversorgung auf und ist möglicherweise unter natürlichen Bedingungen mit sauberem Grundwasser vernachlässigbar, bzw. auf den Fahnenbereich in verschmutztem Grundwasser beschränkt.

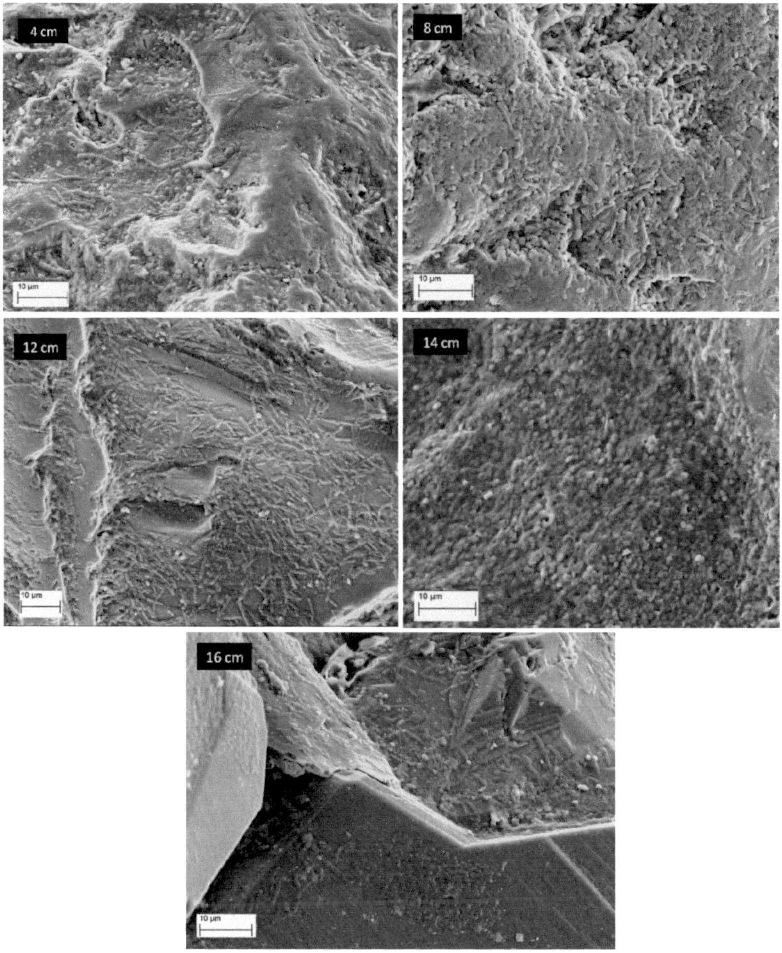

Abb. 64: REM-Aufnahmen von Sandkornoberflächen mit immobilisierten *E. coli*-Zellen. Die Angaben in den schwarzen Kästchen beschreiben aus welcher Höhe in der DFZ die Probe entnommen wurde

Vergleicht man den Sauerstoff-Massenfluss am Ablauf für die einzelnen Versuchsansätze, so wird deutlich, dass bei ausreichender Nährstoffversorgung und damit hoher biologischer Atmungsaktivität die Konzentration an gelöstem Sauerstoff im GW stark absinkt (Abb. 65). Bei dem

Experiment mit LB-Medium wurde ein ca. 100-mal geringerer Massenfluss im Ablauf gemessen, als bei dem abiotischen Experiment. Selbst bei einer geringen Nährstoffversorgung in SSE-Medium hatten die Bakterien einen Einfluss auf die gelöste Sauerstoffmenge im Aquifer, wobei der „Verringerungseffekt“ mit zunehmender Tiefe größer wird. Direkt unterhalb des Wasserspiegels konnte bei dem abiotischen Test und bei dem Experiment mit SSE-Medium und 0,25 g/l Glukose-Zusatz sogar derselbe O_2-Massenfluss von ca. 1,3 x 10^{-5} mg O_2/s bestimmt werden.

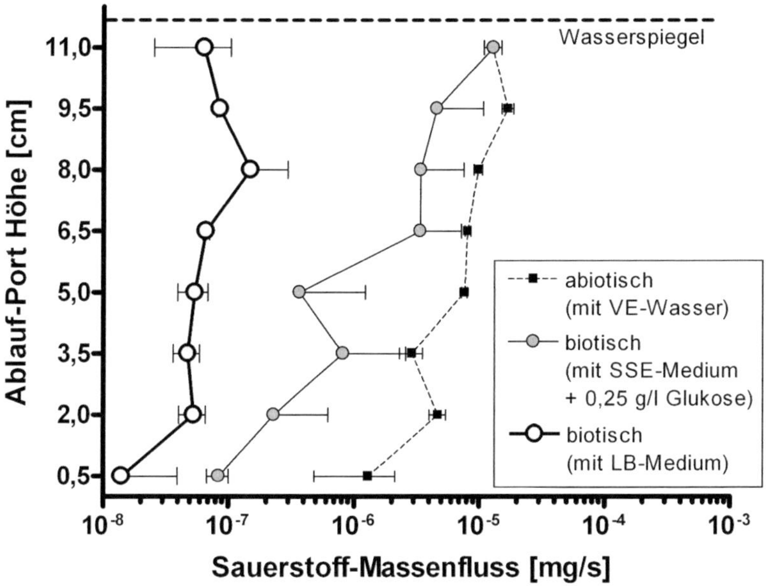

Abb. 65: Sauerstoff-Massenfluss [mg/s] (+/- SE, n= 8) im Ablauf einer DFZ bei verschiedenen Versuchsansätzen (biotisch: mit *E. coli*), jeweils bei einem Wasserspiegel von 12 cm Höhe und während eines Zeitraums von 6 Tagen (Q pro Port ≈ 3,5 +/- 0,5 ml/h)

Liu et al. (2010) berechnete in einem analytischen Modell für ein Material mit einer hohen hydraulischen Durchlässigkeit von k_f = 2,7 x 10^{-3} m/s und einem Diffusionskoeffizienten für O_2 in Wasser von 2,0 x 10^{-9} m²/s den rein physikalisch-auftretenden Sauerstoffeintrag in den Aquifer. Dabei wurde ein dispersiver Massenfluss am Wasserspiegel von ca. 2,2 x 10^{-4} mg O_2 cm^{-1} s^{-1} ermittelt, wobei für diese Berechnung eine konstante Sauerstoff-Konzentration über den CF unter stationären Bedingungen angenommen wurde. Diese Situation tritt bei Experimenten mit Bakterien nur in Batch-Ansätzen oder nach einem längeren Versuchszeitraum bei einem kontinuierlichen „steady-state" System auf. Anhand des niedrigeren Wertes von fast 2 x 10^{-5} mg O_2/s 1 cm unterhalb des Wasserspiegels im abiotischen Experiment (Abb. 65) ist zu sehen, dass durch den CF bzw. die Materialeigenschaften des Sandes der dispersive O_2-Massenfluss geringfügig minimiert wurde. Die bakterielle Atmungsaktivität in den biotischen Experimenten sorgte, besonders bei ausreichend hoher Versorgung mit Elektronendonatoren im Falle des Experimentes mit LB-Medium, für eine starke Reduzierung des O_2-Massenflusses auf ca. 5 x 10^{-8} mg O_2/s und verhinderte teilweise sogar komplett den Eintrag von O_2 in das GW. Bei mangelhafter Versorgung der Bakterien mit Elektronendonatoren wird dieser Effekt nicht so gravierend auftreten. Bei Freiland-Studien am südöstlichen Uferbereich des Wannsees wurden verschiedene Möglichkeiten für einen Sauerstoff-Eintrag ins GW verglichen und es stellte sich heraus, dass der O_2-Eintrag per Diffusion aus der ungesättigten Zone aufgrund von mikrobieller Atmungsaktivität stark limitiert wurde und deshalb zu vernachlässigen ist. Den größten Anteil des O_2-Eintrages hatten durch Oszillationen des Wasserspiegels eingeschlossene Gasblasen in der gesättigten Zone und ins GW infiltrierendes Seewasser (Kohfahl et al. 2009).

3.4.1 Vergleich experimenteller Analysen mit Ergebnissen aus der Modellierung

Die Modellierung wurde durch den Projektpartner am Institut für wissenschaftliches Rechnen der Universität Heidelberg (Pavel Hron) durchgeführt und basiert auf den in Kapitel 3.1.1 dargestellten Ergebnissen. Die verwendeten biologischen Parameter sind in Tabelle 5 zusammengefasst.

Tab. 5: Für die Modellierung verwendete Wachstumsparameter von *E. coli* in LB-Medium

Parameter	Wert	Einheit
Wachstumsrate μ_{max}	0,50	1/h
$K_{S,DOC}$	150	mg/l
K_O	2,5	% O_2
Zellertrag (Y_{DOC})	0,95	g TG Biomasse/g DOC
Zellertrag (Y_{O2})	0,34	g TG Biomasse/g O_2

In Abbildung 66 ist das Wassersättigungs-Profil in der DFZ bei einem Wasserspiegel von 6 cm Höhe und die durch Modellierung erzeugten Strömungslinien für stationäre Bedingungen zu erkennen. Die Übergangszone ist durch den farblichen Übergang von Orange zu Grün definiert und liegt demnach im Bereich zwischen 12 und 16 cm Höhe. In diesem Bereich sollte auch das höchste Wachstum von aeroben Bakterien erwartet werden, was gut mit den beobachteten Ergebnissen im DFZ-Experiment mit *E. coli* (Abb. 62 & 63) übereinstimmt.

Unter Berücksichtigung der biologischen Parameter aus Tabelle 5 und des Wassersättigungsprofils (Abb. 66) wurden Zelldichten von bis zu 1,3 x 10^9 Zellen/cm^3 im Bereich zwischen 11 und 13 cm Höhe des CF nach einer

Wachstumsphase von 6 Tagen ohne GW-Strömung berechnet (Abb. 67). Im Vergleich zu den Ergebnissen des Laborexperimentes mit *E. coli* in LB-Medium liegt dieser Bereich allerdings ca. 3 cm niedriger (Abb. 67).

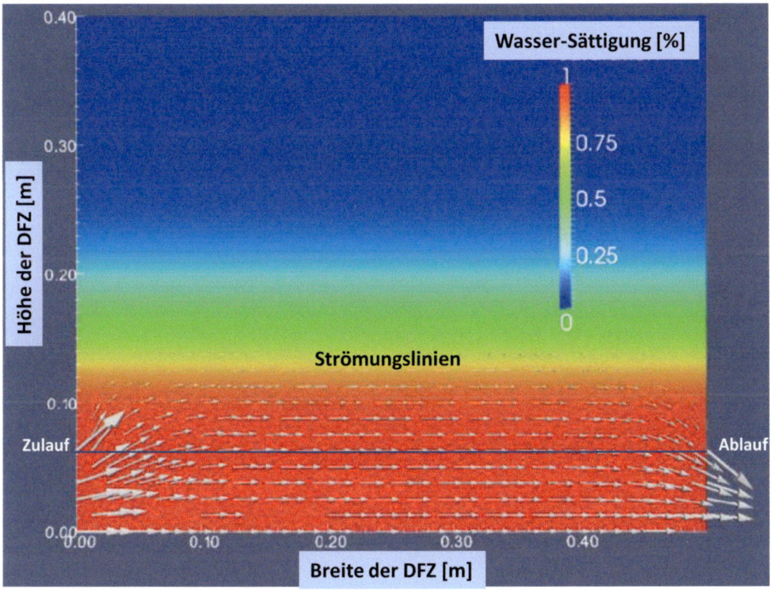

Abb. 66: Wassersättigungs-Profil für den CF in Quarzsand (Korn-Ø: 0,2 - 0,6 mm) in einer Durchflusszelle (DFZ) bei einem Wasserspiegel von 6 cm Höhe (v_a = 1,5 m/d). Die Modellierung (von P. Hron, IWR Universität Heidelberg) basiert auf gravimetrisch bestimmten Messwerten und dem „Brooks Corey model"

Womöglich basiert die Berechnung auf einer zu hohen Sauerstoff-Diffusion vom ungesättigten in den gesättigten CF-Bereich, oder der verwendete K_S-Wert liegt mit 150 mg DOC/l zu hoch und müsste geringfügig nach unten korrigiert werden. Bei einem niedrigeren K_S-Wert würden die Bakterien auch in den höheren CF-Regionen, wo eine schlechtere Nährstoffversorgung auftritt, besser wachsen und sich somit die in Abbildung 67 mit roter Farbe dargestellte Zone nach oben verschieben.

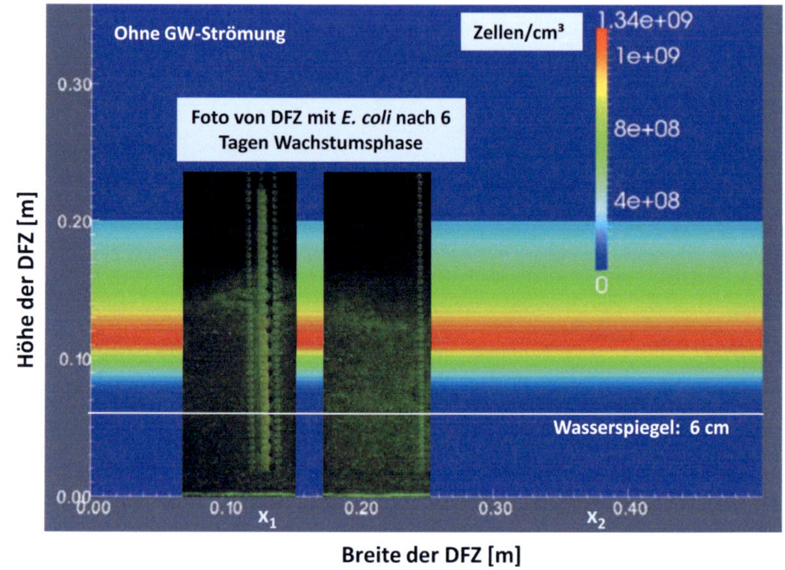

Abb. 67: Modellierung der Zelldichte [*E. coli*-Zellen/cm³ CF-Volumen] nach 6 Tagen Wachstumszeit in einer DFZ mit Quarzsand (Ø: 0,2 – 0,6 mm) und LB-Medium bei einem Wasserspiegel von 6 cm Höhe, ohne GW-Strömung. Zum Vergleich wurden Ausschnitte aus Abb. 62 eingefügt. (Modellierung: P. Hron, IWR Universität Heidelberg)

Das Ergebnis der Modellierung des Zell-Wachstums nach 3 Tagen in der DFZ mit GW-Strömung kommt den Beobachtungen aus dem Labor-Experiment sehr nahe. Dabei wurden im Bereich zwischen 14 und 16 cm CF-Höhe Zelldichten von 2-4 x 10^9 Zellen/cm³ für den 3. Tag mit GW-Strömung berechnet (Abb. 68A). Es wurde eine relativ hohe Zell-Retention von ca. 85 % angenommen, da anderenfalls im Modell der Großteil der Zellen ausgewaschen worden wäre. Sowohl im Modell als auch im Experiment wurde das stärkste Zell-Wachstum in der

Übergangszone bei 14 - 16 cm CF-Höhe bestimmt, wobei im Modell die Zelldichten für die gesättigte CF-Zone noch zu niedrig liegen. Für die Modellierung wurde das Wachstum von *E. coli* unter anaeroben Bedingungen noch nicht mit einbezogen. Die Analysen am Elektronenmikroskop zeigten nämlich, dass im gesättigten Bereich auch Zellen an den Sandkörnern angeheftet waren (Abb. 64). Die berechneten O_2-Profile für die Situation am 3. Tag mit GW-Strömung lagen allerdings im Vergleich zu den gemessenen Werten an Position x_1 und x_2 zu niedrig (Abb. 68B,C). Mit Erhöhung der Zell-Retention für die Modellierung rückt der Gradient des O_2-Profils zwar nach oben, aber dafür verringert sich auch die Sauerstoff-Konzentration oberhalb der Übergangszone stark. Im Falle einer Zell-Retention von nur 20 % stimmen die gemessenen O_2-Werte oberhalb der Übergangszone genau mit den berechneten überein, aber in diesem Fall liegt der O_2-Gradient ca. 4 cm niedriger als im Experiment gemessen. Für die Modellierung muss also eine spezifische Zell-Retention für jede CF-Region einzeln (basierend auf dem Sättigungs-Profil), ähnlich wie in Abbildung 49 dargestellt, angenommen werden, um die Berechnungen der Realität anzupassen.

Nach einer Korrektur der O_2-Diffusion, durch ungesättigten Sand mit steigendem Wassergehalt (z. B. mit Hilfe des „Millington & Quirk models“, Aachib et al. 2004), oder einer Korrektur der biologischen Parameter (Verwendung von z. B. K_S = 120 mg DOC/l oder K_O = 3 % O_2), lassen sich eventuell die Modell-Ergebnisse noch weiter an die im Labor-Experiment beobachteten Ergebnisse heranführen.

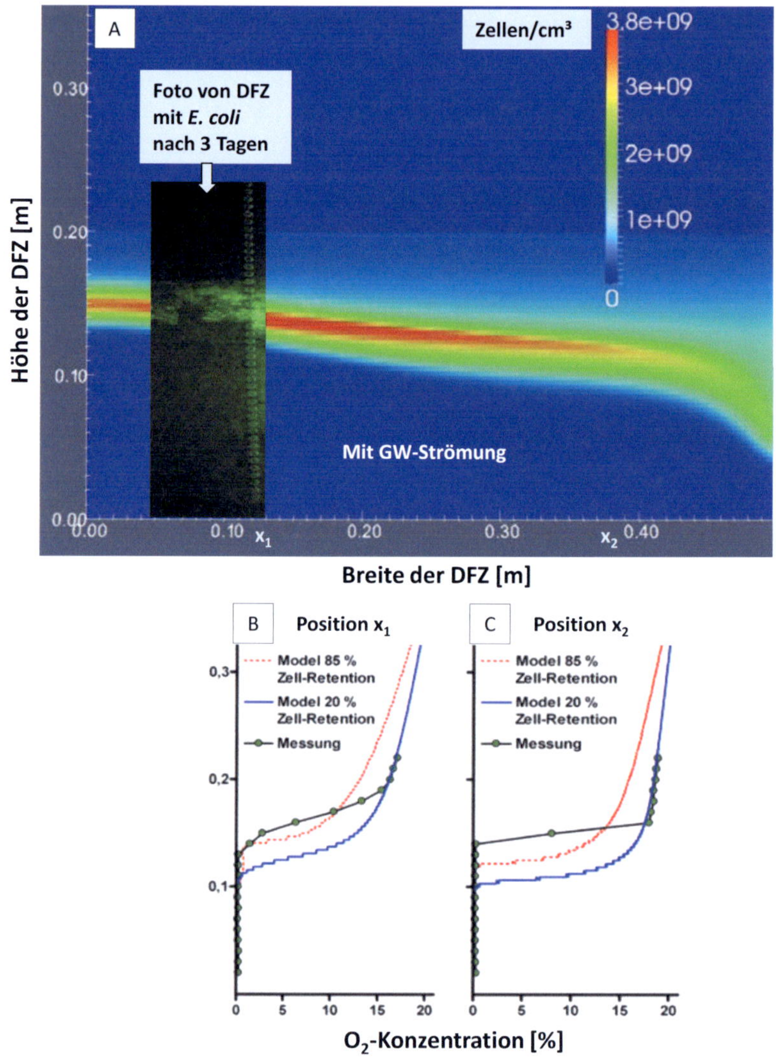

Abb. 68: A: Modellierung der *E. coli*-Zellzahl pro Volumen im DFZ-Experiment mit LB-Medium nach 3 Tagen mit GW-Strömung (v_a = 1,5 m/d) + Foto-Ausschnitt aus Abb. 63 zum Vergleich. Dazu die Sauerstoff-Profile für Position x_1 (B) und x_2 (C). Punkte repräsentieren Messergebnisse, Linien = Modell-Ergebnisse für Zell-Retentionen von 20 % (blau) oder 85 % (rot, gepunktet). Modellierungen basieren auf den Parametern aus Tab. 5 und den in Abb. 66 dargestellten physikalischen Parametern (P. Hron, IWR Universität Heidelberg).

Für die Modellierung des *E. coli*-Wachstums im CF bei GW-Strömung müssen allerdings noch Adhäsions-Kinetiken für aktive Zellen (Jacobs et al. 2007) und Kriterien für das Absterben der Zellen und den Austrag abgestorbener Zellen berücksichtigt werden. Wenn dies erfolgreich geschehen ist, sollte das Modell auch verwendet werden können um Änderungen des Zell-Wachstums im CF aufgrund von Wasserspiegel-Schwankungen oder Regenwasser-Infiltration berechnen zu können.

3.5 Einfluss der Mikroorganismen auf die Eigenschaften des Kapillarsaumes

Die bisher aufgeführten Ergebnisse dieser Arbeit zeigten, dass der CF aufgrund seiner physikalischen Eigenschaften in der Übergangszone ein optimales Milieu für das Wachstum von aeroben oder fakultativ anaeroben Mikroorganismen bietet. Allerdings konnte eine starke Biofilmbildung und ein damit einhergehendes Verstopfen von engen Porenräumen in der Übergangszone nur bei hoher Nährstoffversorgung und längerer Betriebszeit beobachtet werden. In einem solchen Fall, haben die Bakterien einen großen Einfluss auf die verschiedenen physikalischen Eigenschaften des CF. Dieser Einfluss sollte in oligotrophen natürlich vorkommenden Kapillarsäumen allerdings nur in verminderter Form auftreten.

Mit Hilfe von H^1-NMR Analysen von einem CF in der HSZ konnte eine geringfügige Verringerung der Wassersättigung in der ungesättigten Zone aufgrund von bakteriellem Wachstum beobachtet werden. Dafür wurde die Sättigungskurve eines CF mit autoklaviertem VE-Wasser mit der eines CF mit 1:2 verdünntem LB-Medium und suspendierten *P. putida*-Zellen jeweils nach 3 Tagen verglichen (Abb. 69). Allerdings bewirkt die

Verwendung von LB-Medium bereits eine Verringerung der CF-Höhe (Abb. 28), was auf eine geringere Oberflächenspannung im Vergleich zu Wasser, durch die Menge an gelösten Substraten, zurückzuführen ist (Gl. 2). In dem Experiment mit Bakterien und verdünntem LB-Medium verringern biogene EPS zusätzlich die Oberflächenspannung der Flüssigkeit (Warscheid et al. 1991, Da Cruz et al. 2010). Chang et al. (2007) konnte z. B. bei Wachstumsversuchen mit *P. putida* und *P. aeruginosa* Stämmen auf verfestigtem Medium bereits nach einem Tag relativ hohe EPS-Konzentrationen messen. Die produzierten Mengen von Exopolysacchariden und Alginat stiegen sogar mit steigendem Matrixpotential an, was übertragbar auf die Regionen oberhalb der Übergangszone eines CF wäre. Zudem wurde bei Pseudomonaden und anderen Toluol-oxidierenden Bakterien eine Erhöhung der EPS-Menge/KBE unter Hungerbedingungen, also bei umweltbedingten Stress-Situationen, gefunden (Putthividhya et al. 2003).

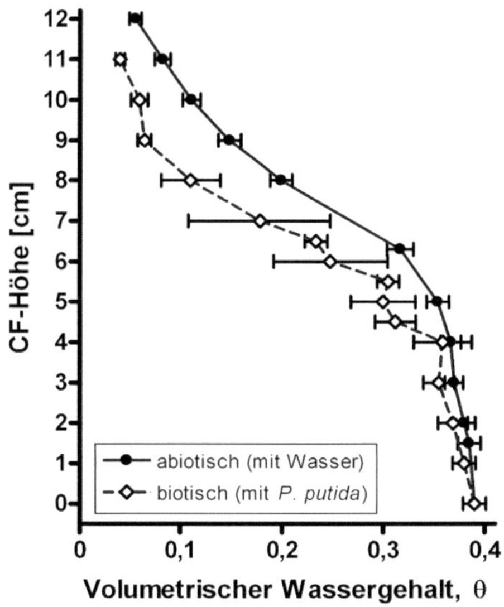

Abb. 69: Wassersättigungskurven (Werte +/- SE, n=4) für einen CF in Quarzsand mit sterilem VE-Wasser und einen CF in Quarzsand mit 1:2 verdünntem LB-Medium inkl. suspendierter *P. putida*-Zellen, gemessen jeweils nach 3 Tagen mit Hilfe der H^1-NMR-Meßmethode

Die EPS-Produktion von z. B. *P. aeruginosa* bewirkte eine Reduktion der Oberflächenspannung in der Bakterien-Suspension von 70 auf 45 mN/m und eine Anheftung der Zellen geschah schneller bei hydrophilen Substraten (also z. B. auch bei Quarzsand).

Selbst nach einem Ablösen der Zellen konnte auf dem Substrat noch eine EPS-Schicht von bis zu 32 nm gemessen werden (Gómez-Suárez et al. 2002). Demnach können Bakterien die Wassersättigungskurve eines CF, hauptsächlich in der ungesättigten Zone, durch EPS-Produktion und Biofilmbildung verändern. In den Bodenzonen oberhalb des CF, wo teilweise nur noch 2 - 3 % nicht-entwässerbares Wasser im Sandvolumen vorhanden sind (Tschapek et al. 1981) findet aber wahrscheinlich kein ausreichend hohes Bakterienwachstum mehr statt um einen eindeutigen Einfluss auf den Kapillardruck auszuüben.

Im Falle eines drainierenden CF erhöhen EPS allerdings die Wasser-Speicherungskapazität von porösem Material, was für aufgereinigte EPS von *Pseudomonas* Spezies durch Roberson und Firestone (1992) explizit gezeigt werden konnte. Zudem bildet sich zwischen den aneinander liegenden Bodenpartikeln eine Art Netzwerk aus extrazellulären Polysacchariden, mit einem hohen Wasser-Speicherungspotential (Chenu 1995) aus.

Neben der Oberflächenspannung der Flüssigkeit, hängt der Kapillardruck und damit die Wassersättigung außerdem vom Kontaktwinkel α ab (Gl. 2). Der Kontaktwinkel von z. B. Wasser auf Quarzsand beträgt ca. 40-45° und hängt unter anderem vom Salzgehalt der Flüssigkeit (Weisbrod et al. 2009) oder von der Oberflächenspannung des Festkörpers σ_S ab (Gl. 13). Czachor et al. (2010) fand bei Untersuchungen mit Quarzsand oder Freiland-Bodenproben heraus, dass organisches Material die Oberflächen-spannung der mineralischen Partikel veränderte und sich dadurch auch andere Kontaktwinkel ergaben. Ähnliche Ergebnisse wurden in dieser

Arbeit durch Kontaktwinkel-Messungen von Methyleniodid auf Sandkörnern mit oder ohne Bakterien-Bewuchs gefunden. Beide Sandkorn-Proben wurden vor der Messung mit VE-Wasser gewaschen und luftgetrocknet. Bei den mit *P. putida* bewachsenen Sandkörnern wurde ein größerer Kontaktwinkel (Ø ≈ 60°) als bei den sterilen Sandkörnern gemessen (Abb. 70). Dies bedeutet, dass die Oberflächenspannung des Festkörpers σ_S reduziert wurde, da σ_L von CH_2I_2 mit 50 mN/m (Tab. 1) für jede Quarzsand-Probe gleich geblieben ist.

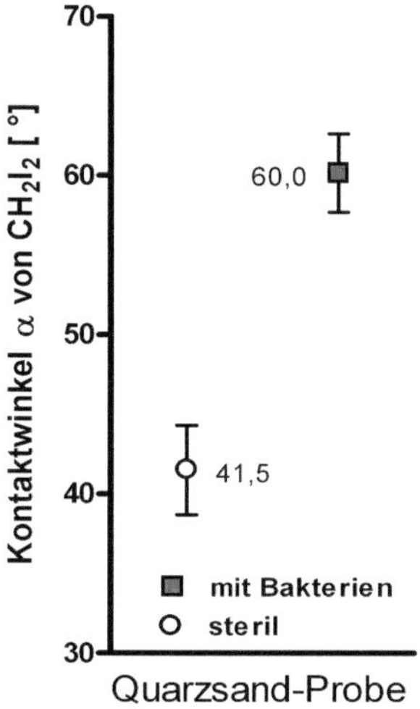

Abb. 70: Kontaktwinkel für Methyleniodid (CH_2I_2) auf sterilen Sandkörnern und auf Sandkörnern mit Bakterien-Bewuchs, aus Wachstumsexperimenten mit *P. putida* in einem Quarzsand-CF

Durch adsorbierte Biomasse auf den Bodenpartikeln erhöht sich demnach der Kontaktwinkel zwischen einer Flüssigkeit und dem bewachsenen Material, wodurch sich eine Reduktion der kapillaren Steighöhe dieser Flüssigkeit ergibt. Bei der Veränderung der Wassersättigungskurve (Abb. 69) ist dieser Effekt wahrscheinlich überlagert durch den Effekt der verringerten Oberflächenspannung der Bakterien-Suspension. Bei starkem Biomasse-Wachstum, wie es im CF der DFZ mit *E. coli* und LB-Medium beobachtet wurde (Abb. 63), kann es außerdem zu einer Verengung oder Verstopfung der Porenräume kommen. Dies konnte anhand von Experimenten zur k_f-Wert-Bestimmung mit normalem und bewachsenem Sand nachgeprüft werden. In Abbildung 71 ist zu erkennen, dass der k_f-

Wert des Sandes durch den Bewuchs mit *P. putida*-Zellen im Vergleich zu sterilem Sand stark reduziert wurde. Bei Sandproben aus der gesättigten Zone war die Verringerung des k_f-Wertes allerdings nicht so stark wie bei Sandproben aus der Übergangszone eines CF. Allerdings war bei dem Sand aus der gesättigten Zone die Schwankung des Wertes ziemlich groß, was aufgrund von schwacher Anheftung und dadurch resultierendes Ausspülen der Zellen mit zunehmender Dauer des Experimentes aufgetreten sein könnte. Die Schwankung des mittleren k_f-Wertes von ca. 5×10^{-5} m/s für den Sand aus der Übergangszone (ÜZ) ist nicht so groß, was an der stärkeren Adsorption der Zellen und dem „clogging-Effekt“ liegen kann.

Eine Reduktion des k_f-Wertes von porösem Material in der ÜZ und im oberen CF-Bereich hat allerdings nicht so große Auswirkungen wie z. B. für den Aquifer, wo das horizontale Fließfeld weitaus stärker ausgeprägt ist. Dennoch ist dies eine Veränderung von physikalischen Eigenschaften des CF aufgrund von mikrobiellem Wachstum. In einem Langzeit-Durchfluss-System mit Kalkstein konnte z. B. ebenfalls eine starke Reduktion des k_f-Wertes (sogar um 3 log-Stufen) durch Akkumulation von Bakterien und Biofilmbildung beobachtet werden (Castegnier et al. 2006). Dabei verringerte sich der k_f-Wert selbst noch nach der anfänglichen Bio-Stimulations-Phase von 40 Tagen (mit Melasse-Zugabe) und blieb dann für ca. 120 Tage während des Aushungerns stabil, bis er wohl aufgrund von Zell-Ablöse-Vorgängen wieder geringfügig anstieg. Dies zeigt, dass ein etablierter Biofilm einen starken „clogging-Effekt“ auslösen und lange Hunger-Perioden überstehen kann.

Das Phänomen von verstopften Poren durch mikrobielles Wachstum wurde bereits ausgiebig, z. B. für gesättigte Bedingungen in einem Aquifer (Baveye et al. 1998), in Sandsäulen (Wu et al. 1997) oder per Modellierung (Thullner et al. 2002, Soleimani et al. 2009) untersucht.

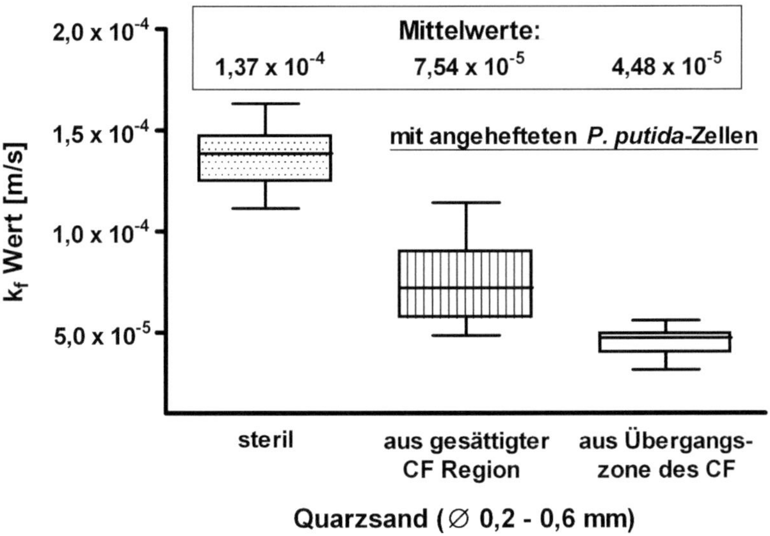

Abb. 71: k_f-Werte von Quarzsand (Boxplot, n = 10) mit und ohne angeheftete *P. putida*-Zellen (bestimmt nach DIN 18130-1). Sandproben mit Bakterien-Bewuchs wurden aus zwei verschiedenen Regionen einer Sandsäule entnommen, in der die Bakterien 6 Tage in einem CF mit 1:2 verdünntem LB-Medium wachsen konnten

In speziellen Fällen, wie z. B. in biologischen Sandfiltern oder als biologische Barriere für eine Schadstoff-Kontamination im Boden (Kim et al. 2006) ist dieser Effekt sogar gewünscht. Für den CF kann dies aber bedeuten, dass nicht nur der Transport von Substraten und Kolloiden (wie z. B. suspendierte Bakterien-Zellen) in vertikaler Richtung limitiert wird, sondern auch der Gas-Transport von z. B. Sauerstoff. Diese Transport-Limitierung wird wahrscheinlich am stärksten in der Übergangszone auftreten, was in dieser Arbeit anhand der Sauerstoffmessungen in der DFZ gezeigt werden konnte (Abb. 63). Da der Diffusions-Koeffizient von Sauerstoff mit zunehmender Wassersättigung geringer wird und die Atmungsrate von Bakterien (bis ca. 85 % Sättigung) in der Übergangszone am höchsten ist, bildet dieser Bereich quasi eine Diffusions-Limitierung für O_2-Moleküle in tiefere Schichten des CF. Die Effektivität dieser Barriere hängt primär vom Wassergehalt und damit auch von der Nährstoffversorgung ab. Mit zunehmender CF-Höhe, bzw. mit abnehmender Sättigung wird zwar das Wasserpotential geringer und damit auch die Aktivität und Beweglichkeit der Bakterien (Gülez et al. 2010), aber eine Limitierung der bakteriellen Atmungsaktivität findet bei den noch relativ hohen Wasserpotentialen von ca. – 20 bis – 30 cm WS (≈ - 2 bis - 3 kPa) im CF nicht statt (Potts 1994). Für den oberen CF-Bereich wird angenommen, dass dort kein signifikanter Einfluss auf die O_2-Diffusion aufgrund von Bakterienwachstum stattfindet, da die Atmungsaktivität dort durch das geringe Nährstoffangebot und eventuell durch die vorhandene CO_2-Konzentration (Koizumi et al. 1991) minimiert ist. Im unteren, anaeroben CF-Bereich werden wahrscheinlich eher anaerobe oder fakultativ anaerobe Bakterien-Spezies vorkommen, welche über Gärung oder Nitrat- bzw. Sulfatatmung Energie gewinnen können und dadurch die Konzentration von z. B. CO_2, CH_4, N_2 oder H_2S in der gesättigten Zone erhöhen. In einigen Studien wurde bereits berichtet, dass z. B. die Denitrifikation von eingetragenem Nitrat hauptsächlich im Aquifer stattfindet (Trudell et al. 1986) und sich ca. 40 - 50 % des NO_3^--N als N_2O- bzw. N_2-Gasblasen, eingeschlossen im gesättigten Boden, wiederfinden (Lindau et al. 1988, Samson et al. 1990). Im Aquifer können Gas-Einschlüsse zu einer Verringerung der hydraulischen Leitfähigkeit führen (Fry et al. 1997), aber im CF haben eingeschlossene Gasvolumen wahrscheinlich keinen großen Effekt. Dies konnte sowohl für Methan, wo mehr als 50 % des produzierten Volumens über die Gasphase entwich oder aerob oxidiert wurde (Amos und Mayer 2006), als auch für N_2 (Abit et al. 2008b) oder die Endprodukte der Sulfat-Reduktion (Van Stempvoort und Kwong 2010) gezeigt werden.

Unter natürlichen Bedingungen wird der CF allerdings aufgrund von Feinsand-, Schluff- oder Ton-Partikeln viel größer sein, als bei den Labor-Experimenten mit Quarzsand, was die Bedeutung vom Bakterien-Transport aus der GW-Zone in die Übergangszone des CF verschärft. Für den Transport im Aquifer sind Faktoren wie die Korngröße der Bodenpartikel (Fontes et al. 1991) oder die Größe und Form der Bakterienzellen (Gannon et al. 1991, Weiss et al. 1995) ausschlaggebend. Becker et al. (2004) berichteten aber auch von einem Einfluss der Zell-Beweglichkeit auf den Transport im GW. Der Transport der Bakterien in den unteren Bereich des CF geschieht hauptsächlich per Advektion mit der Fließrichtung des Wassers (Dunn et al. 2005). Um aber in die ÜZ oder den oberen CF-Bereich zu gelangen spielen z. B. die Beweglichkeit oder die Eigenschaften der Zelloberfläche eine entscheidende Rolle (Jost et al. 2010). Nach dem Transport in den CF können die Bakterien allerdings erst einen Einfluss auf die CF-Eigenschaften nehmen, wenn sie sich dort an die Bodenpartikel anheften und wachsen. Das Anheften von Bakterienzellen hängt wiederum von einigen physikalisch-chemischen Oberflächen-Faktoren wie z. B. dem Zeta-Potential (ζ-Potential) (Smets et al. 1999) oder der Hydrophobizität ab. Jacobs et al. (2007) fanden dazu heraus, dass Bakterien-Spezies mit hydrophober Oberfläche ein höheres Adsorptionspotential an hydrophile Medien (wie Sand) besitzen, als Bakterien mit hydrophiler Zelloberfläche. Zudem entdeckte Iwabuchi et al. (2003), dass extrazelluläre Polysaccharide bzw. EPS bei *Rhodococcus*-Spezies die Oberflächen-Hydrophobizität und damit auch das Adhäsions-Potential verringerten. Die Produktion der EPS hängt wiederum von der bakteriellen „Fitness“, hervorgerufen durch das Nährstoffangebot oder das C/N-Verhältnis in der Substratlösung, ab (Chen und Strevett 2003). Unter Kohlenstoff-limitierten Wachstumsbedingungen wiesen z. B. *E. coli*-Zellen eine hydrophobere Oberfläche aufgrund von einer geringeren EPS-

Produktion auf. Demnach sollte unter natürlichen, oligotrophen Bedingungen die Anheftung von Bakterienzellen an Bodenpartikel sowohl im GW als auch im CF ein typisches Phänomen sein, wobei es immer auf die Bakterien-Art ankommt. *P. putida* als typischer Boden-Organismus wies mit einem ζ-Potential von -15 bis -20 mV, eine höhere Adhäsionsrate ω [h^{-1}] für Sand (-42 mV) auf als *E. coli* mit einem ζ-Potential von -44 bis -48 mV (Jacobs et al. 2007).

Die größten Einflüsse üben immobilisierte Bakterien im CF also auf vertikale Transportvorgänge von Gasen oder Substraten aus, wobei dieser Effekt in der ÜZ des CF am stärksten ist. Außerdem haben die Bakterien einen großen Effekt auf die Wassersättigung und die maximale Höhe des CF. Yarwood et al. (2006) berichteten, in Experimenten mit „Accusand" (SiO_2-Körner) und einer punktuellen Injektion von *P. fluorescens* HK44, ebenfalls von einer Reduzierung der Sättigung und einer Senkung der CF-Höhe aufgrund von bakteriellem Wachstum. Dabei wurde, anhand der Populationsdichte der Bakterien von ca. 1×10^9 Zellen/ g Sand, eine Reduzierung des verfügbaren Porenraumes um 7 % berechnet. Rockhold et al. (2007) spezifizierte den Effekt der Bakterien im gleichen Experiment auf eine Reduzierung der Wassersättigung um 7-9 % und eine CF-Senkung um 2-5 cm während eines 6-Tage-Experimentes.

3.6 Mögliche Anwendungen der Erkenntnisse

In dieser Arbeit wurde unter anderem herausgefunden, dass aerobe Bakterien (wie z. B. *P. putida*) in der ÜZ des CF die höchste Enzym- und Atmungsaktivität sowie Biofilmbildung aufzeigten. Bietet man Bakterien im ungesättigten Boden oder auch in Sandfiltern ähnliche Wachstumsbedingungen lässt sich womöglich die Effizienz von biologischen

Sanierungsmethoden erhöhen. Allerdings ist die Umsetzung in den bisher angewendeten Sand-Biofiltern mit Sand/Kies-Schichtung (Nduwimana et al. 2007) oder mit einer effektiveren Torf/Sand/Kies-Schichtung (Bester et al. 2011) und Pflanzenbewuchs recht schwierig zu realisieren, da das Abwasser jeweils komplett durch den Filter hindurch sickert. Bei der Anwendung von biologischen Sanierungsmethoden im Boden wäre eine Umsetzung jedoch denkbar. Ex-situ Methoden (externe Behandlung des kontaminierten Bodens) sind zwar oft kontrollierbarer und effizienter (Bower Carberry und Wik 2001), aber in-situ Methoden, z. B. mit Injektions- und Entnahme-Brunnen (Lee et al. 2009), sind für manche Standorte sinnvoller und kostengünstiger. Durch Zugabe von Nährstoffen wie z. B. Glukose oder Nitrat über den Injektionsbrunnen lässt sich auch bei in-situ Methoden die Effizienz der Mikroorganismen im Boden steigern (Tindall et al. 2005). Möglicherweise lässt sich durch Injektionsbrunnen in der ungesättigten Zone und Entnahmebrunnen in der GW-Zone, für die kontaminierte Bodenzone, eine ähnliche Wassersättigung einstellen wie man sie auch in der ÜZ des CF vorfindet. Dies könnte dann, beim Einsatz von aeroben Bakterien wie *P. putida*, zu einer Steigerung der Sanierungs-Effizienz führen. Eine andere bekannte Methode, um die biologische Aktivität im Boden zu steigern, ist z. B. das Einbringen von Sauerstoff durch einen Injektionsbrunnen (auch „Bioventing“ genannt) (Bundesamt für Umwelt (BAFU) 2011). Dabei werden allerdings die bereits vorhandene Wassersättigung und die Konzentration von Elektronendonatoren im ungesättigten Boden nicht erhöht, was möglicherweise nur einen suboptimalen Effekt hat.

3.7 Zusammenfassung der wichtigsten Ergebnisse dieser Arbeit

- Die Übergangszone eines Kapillarsaumes (CF) (mit 95 % - 60 % Wassersättigung) bietet, aufgrund des hohen Wassergehalts und der guten Sauerstoffversorgung über die ungesättigte Bodenzone, die besten Wachstumsbedingungen für aerobe und fakultativ anaerobe Bodenbakterien.

- In der Übergangszone eines CF in Quarzsand (Korn-Ø: 355-710 μm) konnte die höchste Esterase-Aktivität, die größte Zelldichte nach mehreren Tagen Wachstum in LB-Medium und die höchste Atmungsrate mit 90 μl O_2 $(h \cdot mg\,DOC)^{-1}$ für das aerobe Bodenbakterium *P. putida* bestimmt werden.

- Faktoren wie die Zellgröße, die Beweglichkeit oder die Oberflächen-Hydrophobizität von Bakterienzellen beeinflussten die Adsorptions-Effizienz an Sandkornoberflächen und den Transport der Zellen in den ungesättigten CF-Bereich. Die Labor-Experimente mit *P. putida* und *C. glutamicum* lieferten dabei neue Erkenntnisse über die Verteilung verschiedener Bakterien-Spezies im Kapillarsaum.

- Bei ausreichend hoher Nährstoffversorgung bildeten *P. putida* oder auch *E. coli* nach mehreren Tagen einen Biofilm auf den Sandkörnern in der Übergangszone und adsorbierten in geringerem Maße auch an die Sand-Oberflächen innerhalb der gesättigten CF-Zone. Suspendierte Zellen wurden durch die Grundwasser-Strömung in einem Durchfluss-Experiment ausgetragen und der Großteil der Bakterien war an die Sandpartikel adsorbiert oder in einem Biofilm immobilisiert.

- Starkes Bakterienwachstum im CF verringert die CF-Höhe, beeinflusst die Wassersättigungskurve und limitiert Diffusionsvorgänge von gelösten Substanzen oder Gasen (z. B. O_2) vom ungesättigten Bereich ins Grundwasser. Es konnte in diesem Projekt erstmals ein starker Effekt der bakteriellen Atmungsaktivität auf das Sauerstoff-Profil des CF in Experimenten gezeigt und berechnet werden.

- Wasserspiegel-Schwankungen verstärkten den Effekt des bakteriellen Wachstums in der Übergangszone eines CF, wenn dadurch neue Nährstoffe in die höheren CF-Regionen gelangen konnten.

- Biofilmbildung im CF führte zu „biological clogging". Dadurch wurde die hydraulische Leitfähigkeit des Quarzsandes stark reduziert.

- Projektpartner am IWR (Heidelberg) konnten das Bakterienwachstum im CF, aufgrund der bisher in diesem Projekt ermittelten Daten, erfolgreich modellieren. Durch Optimierung des Modells und Durchführung von Langzeitexperimenten im Sandcontainer (Zentralprojekt) sollte in naher Zukunft eine Modellierung der bakteriellen Aktivität für die unterschiedlichsten Situationen möglich sein.

4 Literaturverzeichnis

Aachib, M., Mbonimpa, M., Aubertin, M., 2004. Measurement and prediction of the oxygen diffusion coefficient in unsaturated media, with applications to soil covers. Water, Air and Soil Pollution 156, 163-193

Abit, S.M., Amoozegar, A., Vepraskas, M.J., Niewoehner, C.P., 2008a. Solute transport in the capillary fringe and shallow groundwater: Field evaluation. Vadose Zone Journal 7, 890-898

Abit, S.M., Amoozegar, A., Vepraskas, M.J., Niewoehner, C.P., 2008b. Fate of nitrate in the capillary fringe and shallow groundwater in a drained sandy soil. Geoderma 146, 209-215

Affek, H.P., Ronen, D., Yakir, D., 1998. Production of CO_2 in the capillary fringe of a deep phreatic aquifer. Water Resources Research 34, 989-996

Amos, R.T. und Mayer, K.U., 2006. Investigating the role of gas bubble formation and entrapment in contaminated aquifers: Reactive transport modeling. Journal of Contaminant Hydrology 87, 123-154

Andersen, K.B. und vonMeyenburg, K., 1980. Are growth rates of *Escherichia coli* in batch cultures limited by respiration? Journal of Bacteriology 144, 114-123

Andrews, J.S., Rolfe, S.A., Huang, W.E., Scholes, J.D., Banwart, S.A., 2010. Biofilm formation in environmental bacteria is influenced by different macromolecules depending on genus and species. Environmental Microbiology 12, 2496-2507

Angle, J.S., McGrath, S.P., Chaney, R.L., 1991. New Culture Medium containing ionic concentrations of nutrients similar to concentrations found in the soil solution. Applied and Environmental Microbiology 57, 3674-3676

Aon, M.A., Sarena, D.E., Burgos, J.L., Cortassa, S., 2001. Interaction between gas exchange rates, physical and microbiological properties in soils recently subjected to agriculture. Soil and Tillage Research 60, 163–171

Aseri, G.K., und Tarafdar, J.C., 2006. Fluorescein Diacetate: A potential biological indicator for arid soils. Arid Land Research and Management 20, 87-99

Auerbach, I.D., Sorensen, C., Hansma, H.G., Holden, P.A., 2000. Physical morphology and surface properties of unsaturated *Pseudomonas putida* biofilms. Journal of Bacteriology 182, 3809-3815

Avnimelech, Y. und Nevo, Z., 1964. Biological clogging of sands. Soil Sciences

Bassler, B.L., 1999. How bacteria talk to each other: regulation of gene expression by quorum sensing. Current Opinion in Microbiology 2, 582-587

Bastida, F., Moreno, J.L., Hernández, T., García, C., 2006. Microbiological degradation index of soils in a semiarid climate. Soil Biology and Biochemistry 38, 3463-3473

Battin, T.J., 1997. Assessment of fluorescein diacetate hydrolysis as a measure of total esterase activity in natural stream sediment biofilms. The Science of the Total Environment 198, 51-60

Baveye, P., Vandevivere, P., Hoyle, B.L., DeLeo, P.C., de Lozada, D.S., 1998. Environmental impact and mechanisms of the biological clogging of saturated soils and aquifer materials. Critical Reviews in Environmental Science and Technology 28, 123-191

Becker, K., 1996. Exopolysaccharide production and attachment strength of bacteria and diatoms on substrates with different surface tensions. Microbial Ecology 32, 23-33

Becker, M.W., Collins, S.A., Metge, D.W., Harvey, R.W., Shapiro, A.M., 2004. Effect of cell physicochemical characteristics and motility on bacterial transport in groundwater. Journal of Contaminant Hydrology 69, 195-213

Begonia, M.F. und Kremer, R.J., 1999. Chemotaxis of deleterious rhizobacteria to birdsfoot trefoil. Applied Soil Ecology 11, 35-42

Bell, C., McIntyre, N., Cox, S., Tissue, D., Zak, J., 2008. Soil microbial responses to temporal variations of moisture and temperature in a Chihuahuan Desert grassland. Microbial Ecology 56, 153-167

Bengtsson, G. und Lindqvist, R., 1995. Transport of soil bacteria controlled by density-dependent sorption kinetics. Water Resources Research 31, 1247–1256

Berkowitz, B., Silliman, S.E., Dunn, A.M., 2004. Impact of the capillary fringe on local flow, chemical migration and microbiology. Vadose Zone Journal 3, 534-548

Berkowitz, B., Cortis, A., Dror, I., Scher, H., 2009. Laboratory experiments on dispersive transport across interfaces: the role of flow direction. Water Resources Research 45, W02201. doi: 10.1029/2008WR007342

Bester, K., Banzhaf, S., Burkhardt, M., Janzen, N., Niederstrasser, B., Scheytt, T., 2011. Activated soil filters for removal of biocides from contaminated run-off and waste-waters. Chemosphere 85, 1233-1240

Birkham, T.K., Hendry, M.J., Wassenaar, L.I., Mendoza, C.A., 2007. A transient model of vadose zone reaction rates using oxygen isotopes and carbon dioxide. Vadose Zone Journal 6, 67-76

Bizzaro, G., Melzi, R., Tedoldi, F., Kloza, M., Maier, D., Guthausen, G., 2004. Single-Sided NMR with the mq-ProFiler. Bruker Spin Report, Band 156, 18-22, Bruker BioSpin GmbH, Deutschland

Bolster, C.H., Haznedaroglu, B.Z., Walker, S.L., 2009. Diversity in cell properties and transport behavior among 12 different environmental *Escherichia coli* isolates. Journal of Environmental Quality 34, 465–472

Borch, T., Kretzschmar, R., Kappler, A., van Cappellen, P., Ginder-Vogel, M., Voegelin, A., Campbell, K., 2010. Biogeochemical redox processes and their impact on contaminant dynamics. Environmental Science and Technology 44, 15-23

Bower Carberry, J. und Wik, J., 2001. Comparison of ex situ and in situ bioremediation of unsaturated soils contaminated by petroleum. Journal of Environmental Science and Health - A 36, 1491-1503

Bradford, S.A., Yates, S.R., Bettahar, M., Simunek, J., 2002. Physical factors affecting the transport and fate of colloids in saturated porous media. Water Resources Research 38, Nr. 1327

Bundesamt für Umwelt (BAFU), 2011. VASA: In Situ Sanierung, (zuletzt besucht am 12.12.2011), http://www.bafu.admin.ch/in_situ_sanierung/04107/04145/07015/index.html?lang=de

Bundt, M., Widmer, F., Pesaro, M., Zeyer, J., Blaser, P., 2001. Preferential flow paths: biological „hot spots" in soils. Soil Biology & Biochemistry 33, 729-738

Camesano, T.A. und Logan, B.E., 1998. Influence of fluid velocity and cell concentration on the transport of motile and non-motile bacteria in porous media. Environmental Science and Technology 32, 1699–1708

Camper, A.K., Hayes, J.T., Sturman, P.J., Jones,W.L., Cunningham, A.B., 1993. Effects of motility and adsorption rate coefficient on transport of bacteria through saturated porous media. Applied and Environmental Microbiology 59, 3455–3462

Castegnier, F., Ross, N., Chapuis, R.P., Deschênes, L., Samson, R., 2006. Long-term persistence of a nutrient-starved biofilm in a limestone fracture. Water Research 40, 925-934

Chang, W.S. und Halverson, L.J., 2003. Reduced water availability influences the dynamics, development and ultrastructural properties of *Pseudomonas putida* biofilms. Journal of Bacteriology 120, 6199-6204

Chang, W.S., van de Mortel, M., Nielsen, L., de Guzman, G.N., Li, X., Halverson, L.J., 2007. Alginate Production by *Pseudomonas putida* and contributes to biofilm architecture and stress tolerance under water-limiting conditions. Journal of Bacteriology 189, 8290-8299

Chen, G. und Strevett, K.A., 2003. Impact of carbon and nitrogen conditions on *E. coli* surface thermodynamics. Colloids and Surfaces B: Biointerfaces 28, 135-146

Chen, G., Rockhold, M., Strevett, K.A., 2003. Equilibrium and kinetic adsorption of bacteria on alluvial sand and surface thermodynamic interpretation. Research in Microbiology 154, 175–181

Chenu, C., 1993. Clay- or sand-polysaccharide associations as models for the interface between micro-organisms and soil: water related properties and microstructure. Geoderma 56, 143-156

Chenu, C., 1995. Extracellular polysaccharides: an interface between microorganisms and soil constituents. In: Huang, P.M., Berthelin, J., Bollag, J.M., McGill, W.B., Page, A.L., editors. Environmental impact of soil component interactions. London: CRC Press, 217-233

Choosri, T., Koglbauer, G., Wendland, M., 2009. A new method for the measurement of water activity or relative humidity by Fourier transform infrared spectroscopy. Journal of Chemical & Engineering Data 54, 1179-1182

Cirpka, O.A., Frind, E.O., Helmig, R., 1999. Numerical simulation of biodegradation controlled by transverse mixing. Journal of Contaminant Hydrology 40, 159–182

Cowley, J.M. und Liu, J., 1993. Contrast and resolution in REM, SEM and SAM. Surface Science 298, 456-467

Cunningham, A.B., Characklis, W.G., Abedeen, F., Crawford, D., 1991. Influence of biofilm accumulation on porous media hydrodynamics. Environmental Science and Technology 25, 1305-11

Czachor, H., Doerr, S.H., Lichner, L., 2010. Water retention of repellent and subcritical repellent soils: New insights from model and experimental investigations. Journal of Hydrology 380, 104-111

Da Cruz, G.F., Angolini, C.F.F., dos Santos Neto, E.V., Loh, W., Marsaioli, A.J., 2010. Exopolymeric Substances (EPS) produced by petroleum microbial consortia. Journal of the Brazilian Chemical Society 21, 1517-1523

Dechesne, A., Or, D., Gülez, G., Smets, B.F., 2008. The porous surface model, a novel experimental system for online quantitative observation of microbial processes under unsaturated conditions. Applied and Environmental Microbiology 74, 5195–5200

Dechesne, A., Owsianiak, M., Bazire, A., Grundmann, G.L., Binning, P.J., Smets, B.F., 2010. Biodegradation in a partially saturated sand matrix: Compounding effects of water content, bacterial spatial distribution and motility. Environmental Science & Technology 44, 2386-2392

Dietrich, J. und Schöniger, M., Vorlesung der Hydrologie, TU Braunschweig, http://www.hydroskript.de (zuletzt besucht am 18.08.2011)

DIN, 1985. Bestimmung des Glühverlustes (Organische Substanz) als Summenparameter. DIN: Deutsches Institut für Normung e.V. Beuth Verlag GmbH, Berlin

DIN, 1998. Bestimmung des Wasserdurchlässigkeitsbeiwerts – Teil 1 Laborversuche. DIN: Deutsches Institut für Normung e.V. Beuth Verlag GmbH, Berlin

DIN, 2009. Untersuchung von Bodenproben: Bestimmung der Dichte des Bodens – Teil 1 Laborversuche. DIN: Deutsches Institut für Normung e.V. Beuth Verlag GmbH, Berlin

Dobson, R., Schroth, M.H., Zeyer, J., 2007. Effect of water-table fluctuation on dissolution and biodegradation of a multi-component, light nonaqueous-phase liquid. Journal of Contaminant Hydrology 94, 235-248

Dunn, A.M., Silliman, S.E., Dhamwichukorn, S., Kulpa, C.F., 2005. Demonstration of microbial transport into the capillary fringe via advection from below the water table. Journal of Hydrology 306, 50–58

Fenchel, T., 2002. Microbial behavior in a heterogeneous world. Science 296, 1068–1071

Flemming, H.-C., 1994. Biofilme, Biofouling und mikrobielle Materialschädigung. Stuttgarter Siedlungs-wasserwirtschaftliche Berichte, Oldenbourg Verlag, München, Band 129

Flemming, H.-C., Wingender, J., Mayer, C., Körstgens, V., Borchard, W., 2000. Cohesiveness in biofilm matrix polymers. In: Allison, D.G., Gilbert, P., Lappin-Scott, H.M., Wilson, M.,: Community structure and co-operation in biofilms. SGM symposium 59, Cambridge University Press, 87-105

Flemming, H.-C. und Wingender, J., 2001a. Biofilme – Die bevorzugte Lebensform der Bakterien. Biologie in unserer Zeit (Nr.3), 169-180

Flemming, H.-C. und Wingender, J., 2001b. Relevance of microbial extracellular polymeric substances (EPSs) – Part I: structural and ecological aspects. Water Science and Technology 43, 1-8

Fletcher, M., 1977. The effects of culture concentration and age, time and temperature on bacterial attachment to polystyrene. Canadian Journal of Microbiology 23, 1-6

Fontes, D.E., Mills, A.L., Hornberger, G.M., Herman, J.S., 1991. Physical and chemical factors influencing transport of microorganisms through porous media. Applied and Environmental Microbiology 57, 2473–2481

Fry, V.A., Selker, J.S., Gorelick, S.M., 1997. Experimental investigations for trapping oxygen gas in saturated porous media for in situ bioremediation. Water Resources Research 33, 2687-2696

Furuno, S., Päzolt, K., Rabe, C., Neu, T.R., Harms, H., Wick, L.Y., 2010. Fungal mycelia allow chemotactic dispersal of polycyclic aromatic hydrocarbon-degrading bacteria in water-unsaturated systems. Environmental Microbiology 12, 1391-1398

Gannon, J.T., Manilal, V.B., Alexander, M., 1991. Relationship between cell surface properties and transport of bacteria through soil. Applied and Environmental Microbiology 57, 190-193

Gargiulo, G., Bradford, S., Simunek, J., Ustohal, P., Vereecken, H., Klumpp, E., 2007. Bacteria transport and deposition under saturated conditions: the role of the matrix grain size and the bacteria surface protein. Journal of Contaminant Hydrology 92, 255–273

Garguilo, G., Bradford, S.A., Simunek, J., Ustohal, P., Vereecken, H., Klumpp, E., 2008. Bacteria transport and deposition under unsaturated flow conditions: The role of water content and bacteria surface hydrophobicity. Vadose Zone Journal 7, 406-419

Gisi, U., 1997. Bodenökologie. Thieme-Verlag, 2. Auflage, Stuttgart

Glascoe, L.G., Wright, S.J., Abriola, L.M., 1999. Modeling the influence of heat/moisture exchange during bioventing. Journal of Environmental Engineering – ASCE 125, 1093-1102

Gómez-Suárez, C., Pasma, J., van der Borden, A.J., Wingender, J., Flemming, H.-C., Busscher, H.J., van der Mei, H.C., 2002. Influence of extracellular polymeric substances on deposition and redeposition of *Pseudomonas aeruginosa* to surfaces. Microbiology 148, 1161-1169

Grundwasserdatenbank Wasserversorgung, Region mittlerer Oberrhein, „Geologie und Hydrogeologie", http://www.grundwasserdatenbank.de/regionmo.htm (zuletzt besucht am 01.12.2011)

Gülez, G., Dechesne, A., Smets, B.F., 2010. The Pressurized porous surface model: An improved tool to study bacterial behavior under a wide range of environmentally relevant matric potentials. Journal of Microbiological Methods 82, 324-326

Guthausen, G., Guthausen, A., Balibanu, F., Eymael, R., Hailu, K., Schmitz, U., Blümich, B., 2000. Soft-matter analysis by the NMR-MOUSE. Macromolecular Materials and Engineering 276, 25-37

Haberer, C.M., Rolle, M., Liu, S., Grathwohl, P., 2011. A high-resolution non-invasive approach to quantify oxygen transport across the capillary fringe and in the underlying groundwater. Journal of Contaminant Hydrology 122, 26–39

Haberer, C.M., Rolle, M., Cirpka, O.A., Grathwohl, P., 2012. Oxygen transfer in a fluctuating capillary fringe. Vadose Zone Journal, in press

Haigh, S.D. und Rennie, A.F.K., 1994. Rapid methods to assess the effects of chemicals on microbial activity in soil. Environmental Toxicology and Water Quality 9, 347–354

Hallet, P.D. und Young, I.M., 1999. Changes to water repellence of soil aggregates caused by substrate-induced microbial activity. European Journal of Soil Science 50, 35-40

Hallsworth, J.E., Heim, S., Timmis, K.N., 2003. Chaotropic solutes cause water stress in *Pseudomonas putida*. Environmental Microbiology 5, 1270–1280

Harms, H. und Zehnder, A.J.B., 1994. Influence of substrate diffusion on degradation of dibenzofuran and 3-chlorodibenzofuran by attached and suspended bacteria. Applied and Environmental Microbiology 60, 2736–2745

Harris, P.J., 1994. Consequences of the spatial distribution of microbial communities in soil. In: Ritz, K., Dighton, J., Giller, K., editors, Beyond the biomass. Chichester, UK: John Wiley & Sons, 239-246

Harris, R.F., 1981. Effect of water potential on microbial growth and activity, Water potential relations in soil microbiology. Madison, Wis: Soil Science Society of America, 23-96

Heise, S. und Gust, G., 1999. Influence of the physiological status of bacteria on their transport into permeable sediments. Marine Ecology Progress Series 190, 141–153

Helmig, R., 1997. Multiphase flow and transport processes in the subsurface: a contribution to the modeling of hydrosystems. Springer, Berlin; New York

Hendry, M.J., Mendoza, C.A., Kirkland, R.A., Lawrence, J.R., 1999. Quantification of transient CO_2 production in a sandy unsaturated zone. Water Resources Research 35, 2189-2198

Holden, P.A., Hunt, J.R., Firestone, M.K., 1997. Toluene diffusion and reaction in unsaturated *Pseudomonas putida* biofilms. Biotechnology and Bioengineering 56, 656-670

Hölting, B., 1989. Hydrogeologie – Einführung in die Allgemeine und Angewandte Hydrogeologie. Enke-Verlag, 3. Auflage, Stuttgart

Huber, C. und Krause, C., 2006. Instruction Manual Fibox3. PreSens GmbH, Regensburg, Germany, 85p.

Ihssen, J. und Egli, T., 2005. Global physiological analysis of carbon- and energy-limited growing *Escherichia coli* confirms a high degree of catabolic flexibility and preparedness for mixed substrate utilization. Environmental Microbiology 7, 1568-1581

Ishida, Y., Imai, I., Miyagaki, T., Kadota, H., 1982. Growth and uptake kinetics of a facultatively oligotrophic bacterium at low nutrient concentrations. Microbial Ecology 8, 23-32

Iwabuchi, N., Sunairi, M., Anzai, H., Morisaki, H., Nakajima, M., 2003. Relationships among colony morphotypes, cell-surface properties and bacterial adhesion to substrata in *Rhodococcus*. Colloids and Surfaces B: Biointerfaces 30, 51-60

Jacobs, A., Lafolie, F., Herry, J.M., Debroux, M., 2007. Kinetic adhesion of bacterial cells to sand: Cell surface properties and adhesion rate. Colloids and Surfaces B: Biointerfaces 59, 35-45

Jewett, D.G., Logan, B.E., Arnold, R.G., Bales, R.C., 1999. Transport of *Pseudomonas fluorescens* through quartz sand columns as a function of water content. Journal of Contaminant Hydrology 36, 73-89

Jost, D., Winter, J., Gallert, C., 2010. Distribution of aerobic motile and non-motile bacteria within the capillary fringe of silica sand. Water Research 44, 1279-1287

Jost, D., Winter, J., Gallert, C., 2011. Water and oxygen dependence of *Pseudomonas putida* growing in silica sand capillary fringes. Vadose Zone Journal 10, 532-540

Kim, D.-S. und Fogler, H.S., 2000. Biomass evolution in porous media and its effect on permeability under starvation conditions. Biotechnology and Bioengineering 69, 47-56

Kim, G., Lee, S., Kim, Y., 2006. Subsurface biobarrier formation by microorganism injection for contaminant plume control. Journal of Bioscience and Bioengineering 101, 142-148

Kim, H.N., Walker, S.L., Bradford, S.A., 2010. Macromolecule mediated transport and retention of *Escherichia coli* O157:H7 in saturated porous media. Water Research 44, 1082-1093

Kinoshita, S., Nakayama, K., Akita, S., 1958. Taxonomical study of glutamic acid accumulating bacteria, *Micrococcus glutamicus* nov, spec. Bulletin of the Agricultural Chemical Society of Japan 22, 176–185

Klausen, M., Gjermansen, M., Kreft, J.U., Tolker-Nielsen, T., 2006. Dynamics of development and dispersal in sessile microbial communities: examples from *Pseudomonas aeruginosa* and *Pseudomonas putida* model biofilms. FEMS Microbiology Letters 261, 1–11

Klimant, I., Meyer, V., Kuhl, M., 1995. Fiber-optic oxygen microsensors, a new tool in aquatic biology. Limnology and Oceanography 40, 1159-1165

Kohfahl, C., Massmann, G., Pekdeger, A., 2009. Sources of oxygen flux in groundwater during induced bank filtration at a site in Berlin, Germany. Hydrogeology Journal 17, 571-578

Koizumi, H., Nakadai, T., Usami, Y., Satoh, M., Shiyomi, M., Oikawa, T., 1991. Effect of carbon dioxide concentration on microbial respiration in soil. Ecological Research 6, 227-232

Kornaros, M. und Lybertaros, G., 1997. Kinetics of aerobic growth of a denitrifying bacterium, *Pseudomonas denitrificans*, in the presence of nitrates and/or nitrites. Water Research 31, 479-488

Langguth, H.R. und Voigt, R., 2004. Hydrogeologische Methoden. Springer-Verlag, 2. überarbeitete Auflage, Heidelberg

Lee, E.J., Kim, M., Kim, Y., Lee, K.-K., 2009. Numerical and field investigation of enhanced in situ denitrification in a shallow-zone well-to-well recirculation system. Ecological Modelling 220, 2441-2449

Lendenmann, U., Snozzi, M., Egli, T., 2000. Growth kinetics of *Escherichia coli* with galactose and several other sugars in carbon-limited chemostat culture. Canadian Journal of Microbiology 46, 72-80

LeVeque, R., 2002. Finite Volume Methods for Hyperbolic Problems. Cambridge texts in Applied Mathematics. Cambridge University Press, Cambridge

Li, J., McLellan, S., Ogawa, S., 2006. Accumulation and fate of green fluorescent labeled *Escherichia coli* in laboratory-scale drinking water biofilters. Water Research 40, 3023-3028

Limsong, S. und Frazier, W.C., 1966. Adaptation of *Pseudomonas fluorescence* to low levels of water activity produced by different solutes. Applied Microbiology 14, 899–901

Linn, D.M., Doran, J.W., 1984. Effect of water-filled pore space on carbon dioxide and nitrous oxide production in tilled and non tilled soils. Soil Science Society of America Journal 48, 1267-1272

Lindau, C.W., Patrick, W.H., Delaune, R.D., Reddy, K.R., Bollich, P.K., 1988. Entrapment of N-15 dinitrogen during soil denitrification. Soil Science Society of America Journal 52, 538-540

Liu, Y., Yang, S., Li, Y., Xu, H., Qin, L., Tay, J., 2004. The influence of cell and substratum surface hydrophobicities on microbial attachment. Journal of Biotechnology 110, 251-256

Liu, S., Liedl, R., Grathwohl, P., 2010. Simple analytical solutions for oxygen transfer into anaerobic groundwater. Water Resources Research 46, W10542, doi: 10.1029/2009WR008434

Long, T. und Or, D., 2005. Aquatic habitats and diffusion constraints affecting microbial coexistence in unsaturated porous media. Water Resources Research 41, 1-10

Madigan, M.T., Martinko, J.M., Parker, J., Brock, T.D. (Begründer), 2000. Brock – Mikrobiologie. Spektrum, Akademischer Verlag Heidelberg, Berlin

Maier, U., Rügner, H., Grathwohl, P., 2007. Gradients controlling natural attenuation of ammonium. Applied Geochemistry 22, 2606–2617

Malmqvist, T., 1983. Bacterial hydrophobicity measured as partition of palmitic acid between the two immiscible phases of cell surface and buffer. Acta Pathologica Microbiologica Et Immunologica Scandinavica [B] 91, 69-73

Mc Carthy, K.A. und Johnson, R.L., 1993. Transport of volatile organic compounds across the capillary fringe. Water Resources Research 29, 1675-1683

Mermillod-Blondin, F., Mauclaire, L., Montuelle, B., 2005. Use of slow filtration columns to assess oxygen respiration, consumption of dissolved organic carbon, nitrogen transformations and microbial parameters in hyporheic sediments. Water Research 39, 1687-1698

Moldrup, P., Olesen, T., Schjonning, P., Yamaguchi, T., Rolston, D.E., 2000. Predecting the gas diffusion coefficient in undisturbed soil from soil water characteristics. Soil Science Society of America Journal 64, 94-100

Monod, J., 1949. The growth of bacterial cultures. Annual Review of Microbiology 3, 371-394

Morales, V.L., Gao, B., Steenhuis, T.S., 2009. Grain surfaceroughness effects on colloidal retention in vadose zone. Vadose Zone Journal 8, 11–20

Morales, C.F.L., Strathmann, M., Flemming, H.-C., 2007. Influence of biofilms on the environment of colloids in porous media. Implications for colloid facilitated transport in subsurface environments. Water Research 41, 2059-2068

Nduwimana, A., Yang, X.-L., Wang, L.-R., 2007. Aquaculture solids management using a combination of sand/gravel or unwoven fabric bed with *Lolium perenne* Lam as a plant biofilter. Biomedical and Environmental Sciences 20, 439-444

Nunan, N., Wu, K., Young, I.M., Crawford, J.W., Ritz, K., 2003. Spatial distribution of bacterial communities and their relationships with the micro-architecture of soil. FEMS Microbiology Ecology 44, 203-215

Onuma, M., Omura, T., Umita, T., Aizawa, J., 1985. Diffusion coefficient and its dependency on some biochemical factors. Biotechnology and Bioengineering 27, 1533-1539

Or, D. und Tuller, M., 1999. Liquid retention and interfacial area in variably saturated porous media: Upscaling from single-pore to sample-scale model. Water Resources Research 35, 3591–3605

Or, D. und Tuller, M., 2000. Flow in unsaturated fractured porous media: Hydraulic conductivity of rough surfaces. Water Resources Research 36, 1165–1177

Orchard, V.A. und Cook, F.J., 1983. Relationship between soil respiration and soil moisture. Soil Biology and Biochemistry 15, 447-453

O'Toole, G., Kaplan, H.B., Kolter, R., 2000. Biofilm formation as microbial development. Annual Review of Microbiology 54, 49-79

Oviedo, M.S., Ramirez, M.L., Barros, G.G., Chulze, S.N., 2010. Impact of water activity and temperature on growth and alternariol and alternariol monomethyl ether production of *Alternaria alternate* isolated from soybean. Journal of Food Protection 73, 336–343

Parales, R.E., Ditty, J.L., Harwood, C.S., 2000. Toluene-degrading bacteria are chemotactic towards the environmental pollutants benzene, toluene and trichloroethylene. Applied and Environmental Microbiology 66, 4098-4104

Perry, T.C., Williams, G.L., Kapadia, N., Brockman, F., 2002. Microbial colonization of unsaturated sand. Abstracts of the General Meeting of the American Society for Microbiology 102, 338

Pesci, E.C. und Iglewski, B.H., 1999. Quorum sensing in *Pseudomonas aeruginosa*. In: Dunny, G.M. und Winans, S.C.: Cell-cell signaling in bacteria. American Society for Microbiology, 147-155

Potts, M., 1994. Desiccation tolerance of prokaryotes. Microbiological Reviews 58, 755-805

Putthividhya, A., Abriola, L.M., Kukor, J.J., 2003. Effects of substrate exposure history on the EPS production of TCE degrading toluene oxidizing bacteria. Abstracts of the General Meeting of the American Society for Microbiology 103, Q-104

Rainwater, K., Mayfield, M.P., Heintz, C., Claborn, B.J., 1993. Enhanced in situ biodegradation of diesel fuel by cyclic vertical water table movement: Preliminary Studies. Water Environment Research 65, 717-725

Reid, R.C., Prausnitz, J.M., Poling, B.E., 1987. The Properties of Gases and Liquids. Fourth Edition, McGraw-Hill Companies, ISBN 0070517991

Rittmann, B.E., 1993. The significance of biofilms in porous media. Water Resources Research 29, 2195-2202

Roberson, E.B. und Firestone, M.K., 1992. Relationship between desiccation and exopolysaccharide production in a soil *Pseudomonas*. Applied and Environmental Microbiology 58, 1284-1291

Rockhold, M.L., Yarwood, R.R., Niemet, M.R., Bottomley, P.J., Selker, J.S., 2002. Considerations for modeling bacterial-induced changes in hydraulic properties of variably saturated porous media. Advances in Water Resources 25, 477-495

Rockhold, M.L., Yarwood, R.R., Niemet, M.R., Bottomley, P.J., Brockman, F.J., Selker, J.S., 2007. Visualization and modeling of the colonization dynamics of a bioluminescent bacterium in variably saturated, translucent quartz sand. Advances in Water Resources 30, 1593-1607

Ronen, D., Scher, H., Blunt, M., 1997. On the structure and flow processes in the capillary fringe of phreatic aquifers. Transport in Porous Media 28, 159-180

Ronen, D., Scher, H., Blunt, M., 2000. Field observations of a capillary fringe before and after a rainy season. Journal of Contaminant Hydrology 44, 103-118

Samson, M.I., Buresh, R.J., De Datta, S.K., 1990. Evolution and soil entrapment of nitrogen gases formed by denitrification in flooded soil. Soil Science and Plant Nutrition 36, 299-307

Schäfer, A., Harms, H., Zehnder, A.J.B., 1998. Bacterial accumulation at the air–water interface. Environmental Science and Technology 32, 3704–3712

Scheffer, F. und Schachtschabel, P., 1998. Lehrbuch der Bodenkunde, Enke-Verlag, Stuttgart

Schneider-Zapp, K., 2009. Dynamik der Wasserbewegung an den Grenzschichten der ungesättigten Zone. Dissertation am Institut für Umweltphysik, Ruperto-Carola Universität, Heidelberg

Schnürer, J. und Rosswall, T., 1982. Fluorescein diacetate hydrolysis as a measure of total microbial activity in soil and litter. Applied and Environmental Microbiology 43, 1256–1261

Schubert, H., 1982. Kapillarität in porösen Feststoffsystemen. Springer-Verlag, Berlin

Seki, K., Miyazaki, T., Nakano, M., 1998. Effects of microorganisms on hydraulic conductivity decrease in infiltration. European Journal of Soil Science 49, 231-236

Senn, H., Lendenmann, U., Snozzi, M., Hamer, G., Egli, T., 1994. The growth of *Escherichia coli* in glucose-limited chemostat cultures: a re-examination of the kinetics. Biochimica et Biophysica Acta 1201, 424-436

Sharma, P.K., McInerney, M.J., Knapp, R.M., 1993. In situ growth and activity and modes of penetration of *Escherichia coli* in unconsolidated porous materials. Applied Environmental Microbiology 59, 3686-3694

Shokri, N., Lehmann, P., Or, D., 2009. Characteristics of evaporation from partially wettable porous media. Water Resources Research 45, W02415, doi: 10.1029/2008WR007185

Sierra, J. und Renault, P., 1995. Oxygen consumption by soil microorganisms as affected by oxygen and carbon dioxide levels. Applied Soil Ecology 2, 175-184

Silliman, S.E., Berkowitz, B., Simunek, J., van Genuchten, M.T., 2002. Fluid flow and solute migration within the capillary fringe. Ground Water 40, 76-84

Sinke, A.J.C., Dury, O., Zobrist, J., 1998. Effects of a fluctuating water table: column study on redox dynamics and fate of some organic pollutants. Journal of Contaminant Hydrology 33, 231-246

Skopp, J., Jawson, M.D., Doran, J.W., 1990. Steady-state aerobic microbial activity as a function of soil-water content. Soil Science Society of America Journal 54, 1619-1625

Smets, B.F., Grasso, D., Engwall, M.A., Machinist, B.J., 1999. Surface physicochemical properties of *Pseudomonas fluorescens* and impact on adhesion and transport through porous media. Colloids and Surfaces B: Biointerfaces 14, 121–139

Soleimani, S., Van Geel, P.J., Isgor, O.B., Mostafa, M.B., 2009. Modeling of biological clogging in unsaturated porous media. Journal of Contaminant Hydrology 106, 39-50

Taylor, J.P., Wilson, B., Mills, M.S., Burns, R.G., 2002. Comparison of microbial numbers and enzymatic activities in surface soils and subsoils using various techniques. Soil Biology & Biochemistry 34, 387–401

Thullner, M., Zeyer, J., Kinzelbach, W., 2002. Influence of microbial growth on hydraulic properties of pore networks. Transport in Porous Media 49, 99-122

Tindall, J.A., Weeks, E.W., Friedel, M., 2005. Part 2: A field study of enhanced remediation of toluene in the vadose zone using a nutrient solution. Water, Air and Soil Pollution 168, 359-389

Trevors, J.T., 1991. Respiratory activity of a genetically engineered *Pseudomonas fluorescens* strain in soil measured using gas chromatography. Journal of Microbiological Methods 14, 11-20

Trudell, M.R., Gillham, R.W., Cherry, J.A., 1986. An in-situ study of the occurrence and rate of denitrification in a shallow unconfined sand aquifer. Journal of Hydrology 83, 251-268

Tschapek, M., Boggio, L., Wasowski, C., Torres, S.R.M., 1981. The undrainable water in sand. Australian Journal of Soil Research 19, 209-216

Tuller, M., Or, D., Dudley, L.M., 1999. Adsorption and capillary condensation in porous media: liquid retention and interfacial configurations in angular pores. Water Resources Research 35, 1949-1964

Van Stempvoort, D.R. und Kwong, Y.T.J., 2010. Sulfur analyses as tracers of microbial degradation of hydrocarbons in the capillary fringe. Journal of Contaminant Hydrology 114, 1-17

Wang, M., Ford, R.M., Harvey, R.W., 2008. Coupled effect of chemotaxis and growth on microbial distributions in organicamended aquifer sediments: observations from laboratory and field studies. Environmental Science and Technology 42, 3556–3562

Warkentin, M., Freese, H.M., Karsten, U., Schumann, R., 2007. New and fast method to quantify respiration rates of bacterial and plankton communities in freshwater ecosystems by using optical oxygen sensor spots. Applied and Environmental Microbiology 73, 6722-6729

Warscheid, T., Oelting, M., Krumbein, W.E., 1991. Physico-chemical aspects of biodeterioration processes on rocks with special regard to organic pollutants. International Biodeterioration 28, 37-48

Watnick, P.I. und Kolter, R., 1999. Steps in the development of a *Vibrio cholera* EI Tor biofilm. Molecular Microbiology 34, 586-595

Watnick, P.I. und Kolter, R., 2000. Minireview - Biofilm, city of microbes. Journal of Bacteriology 182, 2675-2679

Weisbrod, N., McGinnis, T., Rockhold, M.L., Niemet, M.R., Selker, J.S., 2009. Effective Darcy-scale contact angles in porous media imbibing solutions of various surface tensions. Water Resources Research 45, W00D39, doi:10.1029/2008WR006957

Weiss, T.H., Mills, A.L., Hornberger, G.M., Herman, J.S., 1995. Effect of bacterial cell shape on transport of bacteria in porous media. Environmental Science and Technology 29, 1737-1740

Whitman, W.B., Coleman, D.C., Wiebe, W.J., 1998. Prokaryotes: The unseen majority. Proceedings of the international Academy of Sciences of the USA 95, 6578-6583

Wichern, F. und Joergensen, R.G., 2009. Soil microbial properties along a precipitation transect in southern Africa. Arid Land Research and Management 23, 115-126

Williams, M.D. und Oostrom, M., 2000. Oxygenation of anoxic water in a fluctuating water table system: an experimental and numerical study. Journal of Hydrology 230, 70-85

Wilson, J.M. und Griffin, D.M., 1975. Water potential and the respiration of microorganisms in the soil. Soil Biology and Biochemistry 7, 199-204

Wood, B.D., Keller, C.K., Johnstone, D.L., 1993. In situ measurement of microbial activity and controls on microbial CO_2 production in the unsaturated zone. Water Resources Research 29, 647-659

Wu, J., Gui, S., Stahl, P., Zhang, R., 1997. Experimental study on the reduction of soil hydraulic conductivity by enhanced biomass growth. Soil Science 162, 741-748

Xu, T. und Pruess, K., 2001. Modeling multiphase nonisothermal fluid flow and reactive transport in variably saturated fractured rocks. American Journal of Science 301, 16-33

Yee, L. und Blanch, H.W., 1992. Defined media optimization for growth of recombinant *Escherichia coli* X90. Biotechnology and Bioengineering 41, 221-230

Yarwood, R.R., Rockhold, M.L., Niemet, M.R., Selker, J.S., Bottomley, P.J., 2006. Impact of microbial growth on water flow and solute transport in unsaturated porous media. Water Resources Research 42, W10405, doi: 10.1029/2005WR004550

Young, I.M. und Crawford, J.W., 2004. Interactions and self-organization in the soil-microbe complex. Science 304, 1634-1637

5 Danksagung

Ich danke der DFG für die Förderung des Projektes „DyCap“ (FOR 831) und ich möchte mich ganz herzlich bei allen Menschen bedanken, die mich die 4 Jahre begleitet, unterstützt und inspiriert haben. Insbesondere danke ich natürlich meinen Betreuern Prof. J. Winter und PD C. Gallert für die Unterstützung, sowie allen Institutsangehörigen des IBA für die nette Zusammenarbeit. Dabei gilt vor allem Dank dem technischen Assistenten D. Bonefas, der einige Versuche für mich durchgeführt hat, R. Anschütz und R. Seith, ohne die ich die benötigten Materialien für die Versuche nicht erhalten hätte. Außerdem bedanke ich mich bei einigen Doktoranden-Kollegen/innen, die immer für aufschlussreiche Diskussionen zu haben waren. Hier seien speziell Dominik Freikowski, Harald Neidhardt, Martina Adamek, Monika Felchner-Zwirello und die Post-Docs Susan Schmidt und Stephan Bathe genannt. Zudem bedanke ich mich auch bei meinen Praktikanten Samuel Huber, Raphael Kist und Peter Schütz, die mit ihren Forschungen ein Stück zum „Gesamtkuchen“ beigetragen haben. Außerdem bedanke ich mich für die nette Zusammenarbeit bei Peter Pfundstein vom Laboratorium für Elektronenmikroskopie, bei Gisela Guthausen vom Institut für mechanische Verfahrenstechnik und Mechanik und bei Heiko Schwegmann vom Lehrstuhl für Wasserchemie am Engler-Bunte-Institut.

Natürlich bedanke ich mich auch bei allen DyCap-Projekt-Partnern für die gute Zusammenarbeit und insbesondere bei meinen Doktoranden-Kollegen/innen aus der Forschergruppe Christina Haberer (aus Tübingen), Klaus Schneider-Zapp, Pavel Hron (aus Heidelberg), Carolin Wiesenmaier und Norman Hack (aus Karlsruhe) für die interessanten und netten Doktoranden-Treffen und Projekt-Meetings.

Dank gilt auch allen nicht-akademischen Freunden und Bekannten, sowohl hier aus Karlsruhe als auch aus meiner „alten" Heimat Hanau, da sie dafür gesorgt haben, dass ich mich in dieser Stadt bisher sehr wohlgefühlt habe, genügend Abwechslung vorhanden war und ich dadurch dem Arbeitsdruck standhalten konnte. Einen schönen Ausgleich zur Arbeit bot natürlich auch der Chorgesang und deshalb danke ich zusätzlich den Mitgliedern des Johannes-Brahms-Chors Karlstein für die seelische Unterstützung. Zum Schluss danke ich ganz herzlich meiner Familie, besonders meiner Mutter und meinen Geschwistern, für die Liebe, Kraft und den Rückhalt den ich die letzten Jahre erhalten habe.

„Das schönste Glück des denkenden Menschen ist, das Erforschliche erforscht zu haben und das Unerforschliche zu verehren."

Johann Wolfgang von Goethe

6 Anhang

Anhang 1:

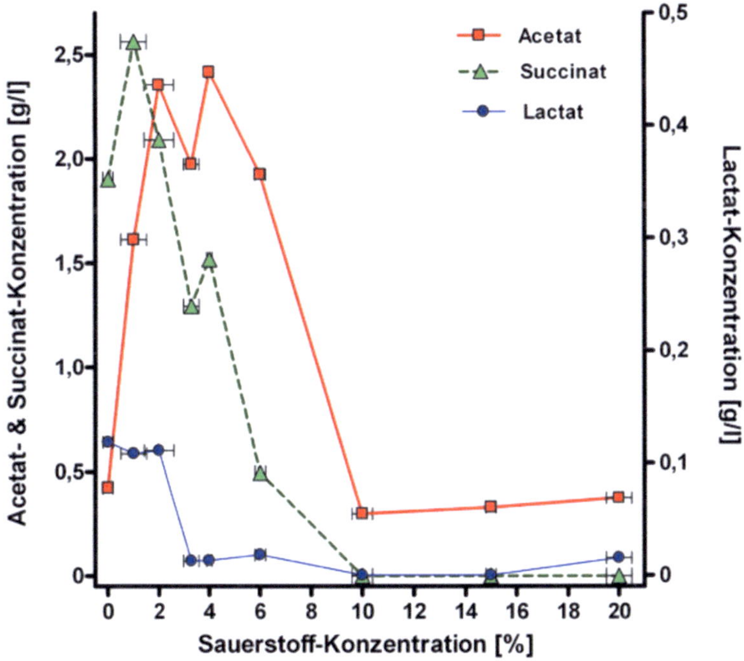

Anhang 1: Acetat-, Succinat- und Lactat-Konzentrationen in der Zellsuspension nach 24 h Wachstum von *E. coli* in LB-Medium bei verschiedenen Sauerstoff-Konzentrationen (eingestellt durch Begasung mit einem Luft/N_2-Gemisch) bei 22 +/- 2 °C

Anhang 2:

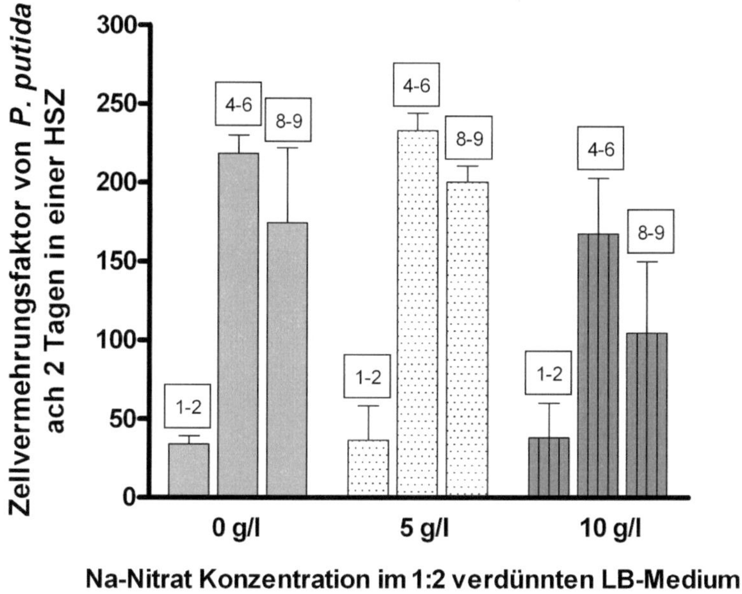

Anhang 2: Zellvermehrungsfaktoren von P. putida im Vergleich zur Start-Zellzahl ($\approx 10^7$ Zellen/ml) nach 2 Tagen Wachstum in einer HSZ mit Quarzsand (Ø: 355-710 μm) und 1:2 LB-Medium mit Na-Nitrat Zugabe. Zahlen über den Balken geben die Probenahme-Höhe im CF [cm] an